U0088206

職場活命厚黑心理學

「前言」

上班有時候就像一場戰爭，只有真正的勇士才能在鬥爭中勝出。如今，隨著生活和工作壓力不斷增大，以前的職場規則與模式已經發生改變，每個人都需要適應最新的職場模式，正所謂適者生存。而在辦公室之中，「適者生存」更多地表現在心理方面。也就是說，誰的心理素質越強，誰的心理狀態越好，誰就越能適應複雜的職場，就更有可能出人頭地，至少在辦公室中過得舒心，不用整天被人排斥，處處受欺負，陷入無休止的煩惱之中。這樣的工作環境就像是地獄，不要說努力工作創造佳績，就連身心健康都很難保證。難怪有人不斷地辭職、跳槽，其中很多人是為了更好的發展機會，卻也不乏一些人受不了辦公室氛圍，受不了整日的勾心鬥角。

但無論你到哪裡，工作環境都是一樣的，職場規則不變，既然你無法改變，

前言

就要學會接受。當然，在利益至上的職場中，懂點心理學的「詭計」，會讓你遠離各種陷阱，助你輕鬆愉快地工作。讓自己變得更強，識破各種謊言與詭計，讀懂同事與上司的真實想法，不要說出來，只是自己明白就好。那麼，就再也沒有人敢欺負你，你也會安下心來努力工作。也許到那時，你會發現辦公室的氣氛還是很融洽的，其實大家很好相處，這是因為你的能力達到了一定的高度，你已經足夠強大了。

本書立足於分析辦公室中千奇百怪的心理，告訴你如何做才能避開陷阱，同時更好地掌握住別人的心理，合理運用。當然，辦公室魚龍混雜，各種人際高手匯聚一堂，還會出現更多複雜的情況，但是只要掌握了最本質的心理分析方法，一切就都會迎刃而解了。

♠第一章 辦公室的溝通潛規則

在辦公室中，溝通是有規則的，有些事可以說，有些事不能說……
不要怕與人打交道……8
忠言可以不逆耳……11
與同事打成一片……16
不要曲解同事間無意的言行……20
說話要做到簡練有說服力……24
不要相信你的耳朵，眼見為實……29
大家都喜歡好聽眾……33
溝通不等於抱怨……37
換個角度思考，讓你溝通無往不利……42
辦公室溝通，誠意最重要……45
良好溝通才能避免猜忌……49
你要懂得迎合上司的心理……53

♠第二章 同事之間的微妙關係

同事之間的關係非常微妙，如果處理不好，每天都會過得很難過……
放下戒備心，同事不是敵人……60
沒有問題也要多向「老鳥」請教……64
傲慢的同事討人厭……68
用真誠去打動他人……73
閒談莫論是非……77
收斂你的好奇心……81
開玩笑要有限度……84

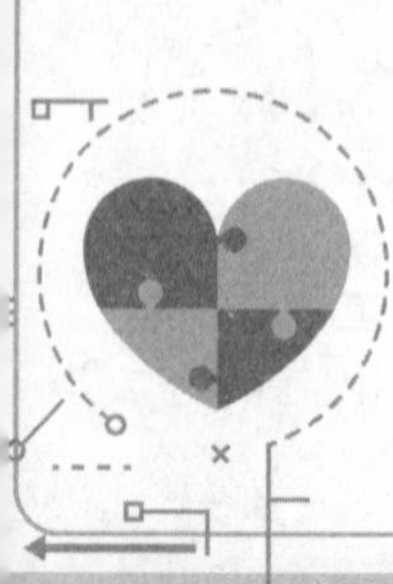

第三章 記住，你是團隊中的一員

在合作中實現雙贏甚至是多贏，這樣才能使你的價值最大化。

達成心理共識……88
不要當獨行俠……92
與團隊成員一起分享……96
要以團隊目標為重……101
肯定你的團隊成員……105
不要扯團隊的後腿……109
做一名學徒……114
不要淪為團隊中的短板……122
要接受他人的缺點……126
及時糾正他人的錯誤……130
避免職場酸葡萄心理……134

第四章 職場中的「黑話」

做人辦事要學會聽話聽音，聽出弦外之音、話中之話，才不會到時丟人現眼。

「你的口才非常好」……140
「我也不確定是否可行」……144
「你很會減壓」……153
「你真是個模範員工」……158
「你的反應很快」……162
「你的工作熱情很高」……167
「你很擅長交際」……171

♠第五章

辦公室心理創傷

所有職場人士，在重視身體健康的同時，不要忘了心理健康！

超負荷工作……178
真的離不開辦公室嗎？……181
你有老闆恐懼症嗎？……185
微笑抑鬱症……189
倖存者綜合症……193
知識焦慮症……197
心理疲勞更可怕……201
身心俱疲，職業枯竭……205
善用「負面情緒」……209

♠第六章

辦公室情緒調節

職場最高境界並不是高薪高職，而是快樂工作！

辦公室心理焦慮症……214
你的內心抑鬱嗎……218
你在恐懼什麼……222
擺脫心理依賴……226
無法躲避的緊張感……230
有些事情是急不來的……234
別讓憤怒毀了你……239
職場孤獨……245
工作不羞怯……249

POINT

第一章 辦公室的溝通潛規則

溝通是職場人士最重要的能力之一，良好的溝通能力將使你的職場生涯更加順利。因此，掌握必要的溝通技巧及心理十分重要。閱讀本章，你將瞭解到溝通中的心理學，助你成為職場溝通的高手。

不要怕與人打交道

心理的開放和封閉，跟一個人是否能在職場生存、是否富貴、是否成功沒有職間相關。但是，心態開放者見多識廣，更能夠學習和借鑒有用的知識，更善於與人溝通合作，自然也就會有更多的機會成功。退一步講，即使心態封閉的人成功了，相信開放的心理將會使他如虎添翼。一個擁有開放心態的人，通常也不會是一個特別固執的人。心態封閉，便會意識不到形勢的變化，只認一個理，只信奉一種價值觀，一條道路走到底。其實，「條條大路通羅馬」，只要合理，就不拒絕改變，這才是開放者所應有的心態。

在社會認可的前提之下，沒有什麼不可以調整，重要的是要能適應。畢竟是你要適應這個社會，而不是讓這個社會來適應你。一個有封閉心理的人，雖然一時半刻很難徹底改變，但是也可以做到有效的溝通。有封閉心理的人，最怕

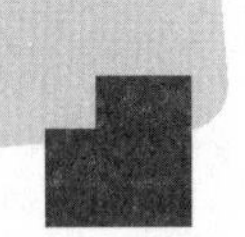

::第一章::

辦公室的溝通潛規則

的就是與人打交道。與別人說話時不敢看對方，講出的話也是異常簡短和呆板。從來不參加任何團體活動，連一個能說知心話的朋友也沒有。一到有人的場合，就感到別人的目光都在緊緊注視著自己，以至於緊張得全身發抖，唯一的願望就是趕緊逃離。

溝通是現代職場人士必備的重要技能，也是每天生活中必須要做的重要工作，管理者每天有百分之八十的時間都是在做溝通的事情。一個有封閉心理的職業人，有必要刻意鍛鍊一下自己的交際能力嗎？雖然從職業發展的角度看，性格與職業匹配是最佳的選擇；但目前，隨著社會開放度的日益加大，完全埋頭苦幹的工作已越來越少，適當鍛鍊一下自己的性格，會對自己未來的職業發展有很大幫助。

「人在職場身不由己」，所以無論什麼工作，有更好的溝通技巧，工作起來就會更容易。良好的人際關係並沒有一個確切的標準，只要你覺得周圍環境安全可靠，與同事和朋友能友好相處，出現矛盾和問題能友善溝通，便是理想的人際關係環境。那麼，對於一個有著比較強的封閉心理的人怎麼去對待職場的人際關係，做到有效的溝通呢？

首先，不能刻意去追求良好的關係，這樣往往會適得其反。在工作之餘，既要赴朋友之約，也要主動發出邀請。

其次，不要封閉自己，多參加團體活動，你會發現許多有趣的東西，並逐漸喜歡與人交往，由此改變獨處的習慣。

第三，在活動中，先聽聽別人怎麼說，不要急於發表自己的意見。同時，不恥下問，切忌不懂裝懂，長此以往，也許你的內向性格就會改變。

第四，要善待他人，多從他人角度考慮問題，這是理解與被理解的金鑰匙，也是形成良好人際關係的重要基礎。

忠言可以不逆耳

有人說：「態度決定一切。」同理，向上溝通是否成功，首先取決於自己的心態。其實，這裡的決定因素已非一般的心態，而是人生觀和價值觀。此外要格外注意的一點就是「溝通有方」，只有「溝通有方」，才能使得忠言不逆耳。

「溝通有方」主要是指向上溝通時，在保持自尊等自身價值觀的基礎上，注意運用適當的溝通方法和策略。這就是要做到審時度勢、因人而宜，這樣才能做說出不逆耳的忠言。首先要試著瞭解你的上級。大部分人跨級溝通時的障礙，一般都來自動機和思考的角度不同。如果下級能夠設身處地從上級的價值觀、處境、職責、壓力、背景、經歷、個性等各方面來考慮問題，很多溝通障礙都會迎刃而解。不要認為這僅僅是老生常談。最重要的是，學會經常同上級「換位思考」的人往往會在不知不覺中，不僅提高了自己的溝通效率，而且提升了自己的心理素質和管理水準。

「瞭解你的上級」，這方面並沒有很簡單的方法可以一蹴而成。從心理學角度看，在上級的價值觀、處境、職責、壓力、背景、經歷、個性等各種因素中，以瞭解他們個性最為重要。因為「一把鑰匙開一個鎖」，你選擇與上級溝通的管道、方式、語言等無不與上級的個性息息相關。

當然，上級個性的形成和發展和上述其他因素也是密不可分的。有些時候，你發覺老闆並沒有詳細瞭解全部的事實，因此對於情勢的判斷過度樂觀，低估了可能的風險；你聽到不少顧客的抱怨，認為公司有必要改變某些作業流程，否則將嚴重流失客源；你想到過去曾經有過類似的成功案例，所以你相信這一次的提案一定可行……管理大師約翰‧科特說道：「老闆與屬下之間的關係，其實是兩個同樣會犯錯的人彼此相互依賴。」除了職務上的層級差別之外，其實你與老闆之間，只是角色扮演的不同，有不同的職責，對事情自然有不同的認知或看法，也會有盲點存在。

通常高層的主管比較偏重大方向的思考，缺乏對於細節的瞭解，因此在做決策時很容易忽略執行面的困難或是阻礙。更何況，當老闆的想法或是決策有所缺失，倘若你什麼都不說、不去說服老闆，其實只會讓自己的工作陷入更困難的境地，甚至無法執行，最後仍是你自己去承擔失敗的後果。

如果你真的對自己的工作結果負責，說服老闆，就是你不可逃避的責任，你的目的只有一個，就是要讓工作能更順利地完成。而你必須知道，說服的目的不是要對方完全接受我的想法，而是共同協調出雙方都可接受的答案。如何說明你的內容、強化說服力，其實與內容的邏輯性與合理性是同等的重要。

一般人都太過注重說明的內容，卻沒有注意到如何運用技巧，強化自己的說服力，達到有效地溝通。要能強化說服力，必須掌握以下四大關鍵技巧，巧妙說出你的「忠言」：

1、建立個人的信用

根據多年的觀察以及研究顯示，在溝通時，多數人都過度高估了自己的信用。在工作上，個人的信用來自於兩方面：專業度以及人際關係。專業度，代表的是你在某個領域所具備的專業知識，這可以從你過去所表現出來的具體成績中得到證明。

另一方面，在溝通過程中，你是否表現出對問題的深入瞭解，並對各種可

能影響在事前已做好完整的分析。至於人際關係的信用度，指的是個人的合群度。老闆是否相信你是一位願意接受他人意見、容易溝通的人，而非堅持己見、不容易妥協的人；你不是為了自己利益，而是為了部門或是組織整體利益著想；你是誠實、穩定、而可靠的人，不是情緒起伏不定、工作表現大起大落的人。

2、運用生動的語言

你的說明內容，必定會牽涉比較抽象的概念或是大量的資料，最好運用實際的例子，或是生活中所熟悉的事物作為例題，才能讓資料產生意義，同時讓老闆快速的理解。

舉例來說：「增加你的營業額，相當於多銷售套產品」這套全新研發的資料庫軟體就好比是你的私人管理顧問，不僅可以即刻提供你需要的資料，更具備了資料對比分析的功能。

3、考慮老闆的立場

我們時常感覺身為老闆的人總是性格保守，對於許多事情都秉持否定的態度，似乎他唯一的目的就是反對。事實上，老闆在行事作風上所表現出的保守傾向，多半時候是為了顧及不同的需求，必須在相互衝突的期望之間尋求最大公約

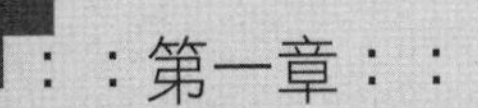

數。你的老闆所面對的是更廣大的組織網路，他所要解決的不只是工作的問題而已，更多時候他必須處理複雜的人際關係。這是你在溝通時必須考慮到的。

4、不宜過度感性

你必須表現出對於自己的提議或是報告內容的熱情與信心，但是也不要過度的感性，以免顯得有些感情用事、不夠專業。另一方面在溝通的過程中，最好能一心二用，在陳述意見的同時，仔細觀察老闆的情緒狀態，隨時調整說話的語氣。

忠言並非總是逆耳，但方法卻是可以更加得當。

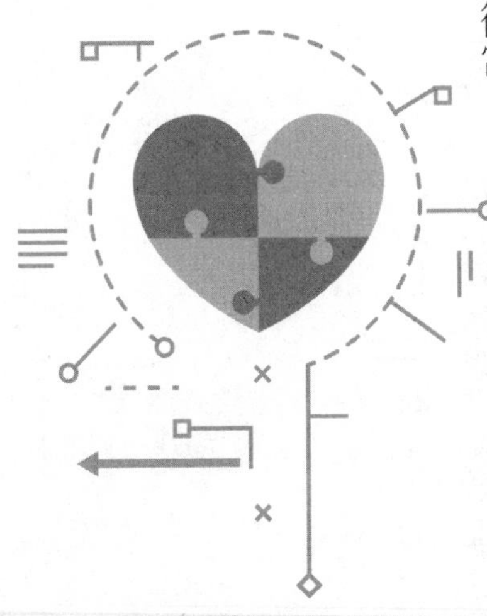

與同事打成一片

世界上有數億人口，兩個人相遇是一種巧合，兩個人相聚在一起是一種緣分，在一個部門工作，更是一種緣分加福分。在人的一生中相處時間較長的是同事。同事之間的親密程度僅次於，甚至等同於家人。在公司裡應結交幾位要好的同事，有的可以作為良師益友，還有的可以情同手足。如何做好平行溝通，拉近同事關係也就成了一門學問。

在一個公司，同事也就相當於是同一條船上的夥伴。部門的興衰榮辱肯定與部門每一位成員息息相關。部門興旺，大家臉上有光，共同受益；部門不景氣，且不說彼此顏面無光，甚至連吃飯都會成問題。同事的同力協力、凝聚團結，是一個部門發展的關鍵。所以，在公司裡同事之間要坦誠以待、相互尊重、相互支持和相互理解。

: : 第一章 : :

辦公室的溝通潛規則

在辦公室裡忙碌奔波時候的人，他們的思想以及活動，大都被禁錮在自己的本職工作範圍之內。當人們走出學校，到一個全新的環境，就會發現原來需要放鬆的並不只是我一個。很多事情會進入我們的耳畔，即使與我們原本並無利害關係，只要有機會，我們還是會有興趣仔細聆聽。多與同事聊天可以幫助你跳出自己的小天地，讓你對公司有一個更為全面的瞭解，進而知道自己該往哪發揮自己的特點。

與你的同事多多交往，能夠擴大你在公司裡的聲譽，進而提高你的知名度。「重在參與」絕對不是失敗者的一個推託之詞。隨著社會經驗的增長，你會發現，有很多事情在與不在絕對不一樣。不管你願不願意，喜不喜歡，參與其中總能獲得某些資訊。如果你善於交際，升遷、加薪的機會就不會因為你的沉默而無聲跳過。如果失敗了，你至少知道輸給了誰，瞭解你的對方是誰，以及你為什麼會輸。

在這個社會上有許多人認為只要自己埋頭苦幹，就一定能出人頭地，一切就會水到渠成。但事實上，你的功績很可能被埋沒，只有主動尋找伯樂的千里馬，才能給自己創造出成就偉業的機會。一些人討厭與同事閒聊，討厭將本該休息的時間用於與人交往，他們認為這種做法太過功利，太工於心計。其實，只對你的同事不懷惡意，這就是對自己的態度最負責任的一種。

由於每個人的年齡、性別、職業、職位、所處環境不同，他們所扮演的社會角色也就不同。在與人接觸時，不同的角色有著不同的行為規範，所以，在與不同的人相處的時候，有著不同的要求與技巧。首先，要做的是處處替別人著想，千萬不要有自我為中心的心態。要搞好同事關係，就要學會從各個角度來考慮問題，要善於做出適當的自我犧牲，這樣會讓你的同事更加接近你、並願意與你處事。

在部門裡要想做好一項工作，就要學會經常與別人合作，在取得一定的成績之後，要共同分享，切忌處處表現自己，將大家的成果占為己有。給別人機會以及說明其實現生活的目標，這一點對於處理好人際關係非常重要。替別人著想，還要表現在當別人遇到困難以及挫折的時候，及時伸出援助之手，給予他人幫助。良好的人際關係往往是雙向互利的。別人受到你的種種關心與幫助，那麼當您遇到困難的時候同樣也會得到別人的回報。

其次，要做到胸襟豁達，要有善於接受別人的心態。要不失時機地給別人以表揚。但須注意的是要掌握分寸，不要一味的誇大其詞，進而讓人覺得你虛

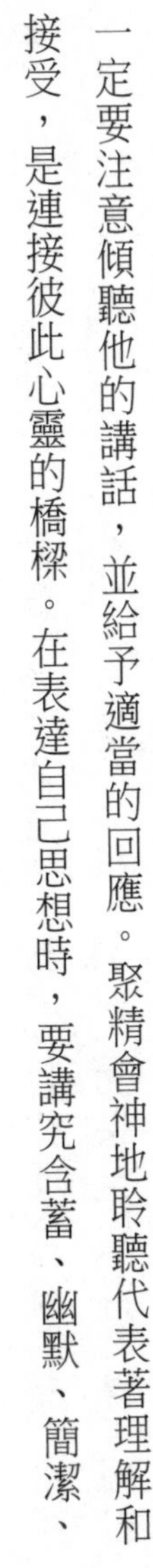

偽，失去對你的信任；再次，要掌握與同事交談的技巧。在和同事交談的時候，一定要注意傾聽他的講話，並給予適當的回應。聚精會神地聆聽代表著理解和接受，是連接彼此心靈的橋樑。在表達自己思想時，要講究含蓄、幽默、簡潔、生動。

含蓄，既表現了你的高雅和修養，同時也起到了避免分歧、說明觀點、不傷關係的作用；提出意見、指出別人的錯誤，要注意場合，措詞要平和，以免傷人自尊心，產生反抗心理。而幽默是語言的調味品，它可使交談變得生動有趣。簡潔要求在與人談話時該說的說、不該說的不說。與人談話時要有自我感情的投入，這樣才會以情動人。這裡的生動，當然要掌握好表達自己的技巧，需要不斷的實踐，自己的文化素養也要不斷地提高，還要不斷拓寬自己的視野。

最後，要做到與同事打成一片，增強同事之間的感情。培養自己多方面的興趣，以愛好結交朋友，也是好辦法。另外，相互交流一些資訊、切磋一下自己的生活經驗，這樣都可以讓自己的人際關係更加融洽喔！

不要曲解同事間無意的言行

在走廊上向別人點頭問好，對方卻置之不理；和別人打招呼，對方卻假裝不認識。遇到這種情況你難免會想：「那個人是不是對我有意見啊？」其實你做出這種推測的原因，是以認定對方行為懷有故意為前提的，但實際上對方的言行是否真的出於故意，這可能是一個幾乎無法考證的問題，我們要做到的儘量不曲解別人的言行，因為那很可能只是無心之舉。

我們可以設身處地的想一想自己的經歷中是不是也有這樣的情景。比如當忙昏頭的你疾步穿過走廊，不小心碰到別人，你還沒有打招呼就已經和他擦肩而過了；再比如低頭快步。有時候，當我們意識到對方在打招呼，而試圖努力辨認他的身分時，就已經失去了給對方回應的時機。然而，如果自己的行為得不到對方的回應，我們自己還是會十分迷惑，不知道究竟發生了什麼事。

::第一章::

辦公室的溝通潛規則

如果你在擁擠的公車上，被別人踩到了腳而對方卻沒有道歉時，你一定會憤怒地覺得對方是個無理的人。但是當你穿過擁擠的人群準備下車時也踩到了別人一腳，你卻為自己解釋說：「太擠了，實在沒辦法。」

對於自己的過錯，我們往往將原因歸咎於環境使然；而如果同樣的事情發生在別人身上，我們卻很容易將其理解為人性使然，也就是說別人是故意的。人與人之間的誤解，有很多是出於上述原因。當我們無視狀況而去曲解同事或上級無意的言行，就會覺得對方是在針對自己。因此，我們對他人的態度就會變得充滿敵意，如此一來，我們又怎麼能有平和的心態去做好職場的溝通呢？

不要讓壞事影響自己的心情，過度敏感的人都有自貶自責的傾向。一個小小的挫折都往心裡去，隨即開始懷疑自己的全部。於是，所有外界的批評都是有道理的，應該的，一切都是自己的錯，很快就變成了：我自己一無是處，太平庸了，是個傻瓜……其實，搞清楚敏感的根源之後，再遇到不愉快的事情，稍微進行一個自我反省就可以了，並不需要對自己進行全面檢討繼而全盤否定。

恩格斯說過：「人物的性格不僅表現在他在做什麼，而且表現在他怎麼做。」每天我們都會遇到各式各樣的事情，經歷快樂、悲傷、失落等等。自信樂觀的人，在挫折中尋找寶藏，自己為自己打氣；相反，消極自卑的人，總是抱怨自己，羨慕別人，總是看到事情消極、困難的一面。其實，我們要學會換個角度看問題，對自己進行積極的心理暗示，使問題導向正面的結果，不要總是暗示自己感到焦慮、緊張、失落等。

心理學家說：「如果一個人指責很過分，那麼你也要懂得回敬那個指責你的人，不要讓別人自以為有權利無端指責你。」碰到讓你傷心的事，要努力尋找一個解脫的辦法，比如你可以向朋友傾訴。跟別人多交流，就越能從相對化的角度看問題。原本認為很嚴重的事，其實並沒有那麼糟糕；原本天大的事其實也很渺小。有了一次經歷，下次就能夠輕鬆地面對，要讓自己從內心裡接受正在發生的一切。我們平時也要加強心理和情感儲備，堅持鍛鍊身體，建立和諧與相互支持的人際關係。

切記「含蓄」，員工在提高自身業務能力的同時為人要低調，太過張揚的性格容易引起他人嫉妒，或者引起同事反感。把同事間的不理不睬當做冷暴力，就把人際關係簡單化了，不能因為別人性格、愛好與自己不同就孤立抵制，甚至到了故意傷害的程度，同事之間相處不要太過敏感，不要將別人偶爾的情緒不

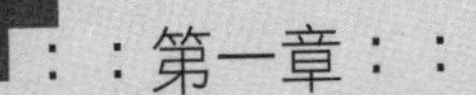

良，就當做針對自己，將矛盾升級對企業和員工都毫無益處。

世界對你的微笑永遠都會是燦爛的。生活雖然不會有太多轟轟烈烈的事情，但是你的生活也絕對沒有理由總是處於消極的狀態中，要珍惜那些小小的快樂。過度敏感的人的弱點在於他們缺乏自信心，總是在尋找抱怨的理由。結果是，即使別人發自內心的讚揚，他們也不會往好處去想的。

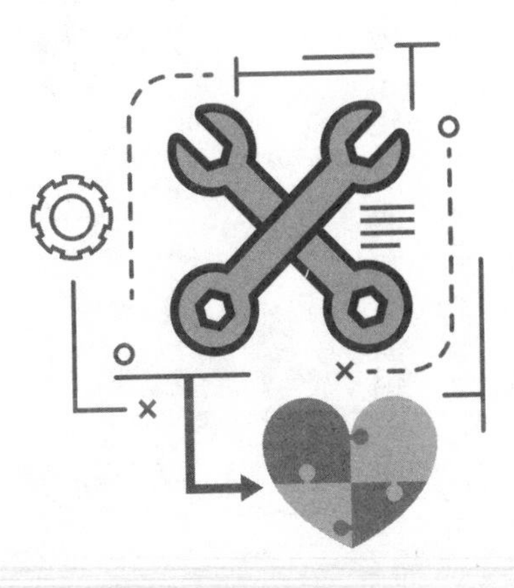

說話要做到簡練有說服力

荀子有言：「言語之美，穆穆皇皇。」意思是說，能達成有效溝通的語言是美好的語言，因為只有這樣的語言，才能光芒四射。穆者，意為形式美，它可以透過語言表達能力的本身達到；皇者，意為內容美，必須經由說話者的真情流露來達到。真情是語言溝通的靈魂，沒有真，沒有情，話說得再好聽，也打動不了他人之心。又怎能表示自己的真誠呢？

說話直截了當且簡潔有力，這是其一；語言簡練、深入淺出則是其二。如果你在各種話題上都做到了有力、簡潔，那麼你就能贏得他人同樣是真誠的尊重。現在有許多人談論好口才時樂此不彼，認為在這個社會上，做得好不如說得好，因為人們做了太多的好事他人未必會知道，只要能說會道，什麼事都用嘴表達到極致，凡事就能達到「話半功倍」的效果。

當然，這種說法並不是沒有根據：燭之武退秦師靠的是口才；春秋時的毛遂自薦使楚，迫使楚王歃血為盟靠的是口才；晏子遊說秦國時讓恥笑他個子矮的文武百官反而蒙羞，靠的也是口才；紀曉嵐多次把將要掉下的腦袋保全不失，靠的還是口才。在這麼多的歷史佐證面前，誰敢說好口才無益呢？

好口才當然很有利，但並不是事事如意！比如溝通，僅有好口才還是不夠的，還必須具有相應的內容品質。就像一組很好看的吊燈，只有在接通電源，看到它的照明後，我們才能接受「很好看」的評價。假如一個口才好的人不具備內容品質，只會像做官樣文章，這種好口才怎能服眾？

《水煮西遊記》中有這麼一段情節描寫：

唐僧等人從高老莊出來，沙僧湊到唐僧身邊道：「師父，徒弟雖然愚笨，但還是好學之人，前幾年靠抄襲師傅混出點名聲，現在待在師傅身邊還好說，如果哪天大家都單飛了，我如何立足才好呀？」

唐僧輕輕伸了伸腰說道：「你能有這個危機意識也是不小的進步，凡事你還要多觀察呀。」

沙僧不開心了：「昨日我偷偷在師父房外聽到你給八戒指導很多方法，都

是同門師兄，為何偏心？」

唐僧嘿嘿一笑：「你果然比豬還笨，你知道你最缺什麼嗎？」

沙僧回答說：「我個性木訥，反應比別人慢。」

唐僧道：「看來你還很瞭解自己。你們三人當中，就數你最不會溝通，這都是由於你內向性格所致。」

沙僧道：「昨天晚上我倒是聽到師父對八戒分析關係人，那言外之意溝通就是跟關係人的溝通了？」

唐僧點點頭：「你還真有點大智若愚的味道。沒錯，我們分析關係人是為更好的溝通做準備，它是溝通中的重要工具。」

沙僧疑道：「口才好不就是能溝通嗎？我看師父口若懸河，而我這麼愚笨如何去溝通呢？」

唐僧道：「口才好，是溝通的一個條件，但卻不見得口才好就可以很好地溝通，或有效地溝通。」

唐僧語不多，卻道出了人際關係中好口才的實用價值。

究竟什麼是有實用價值的好口才呢？在溝通中，能以真情達到有效的說服目的，就是有實用價值的好口才。要檢驗其實用性，就要看你跟誰說話。好比一個演講家，他在農民面前大談特談國家應該如何清理不良資產，這樣的好口才豈能和農民達到溝通的效果？你為什麼不能談些與農民切身利益相關的問題呢？也許你對這些一無所知，因此你的好口才受到一定的限制，這不要緊，對於你不知道的事情，不要冒充內行，否則便是不老實的自欺欺人。你知道多少，就說多少，沒有人要求你做一本百科全書。如果你不懂裝懂，外行充內行，那麼你不但說不服別人，反而會顯露出自己的無知。即使一個被公認為德高望重、能說會道的人，也不敢妄稱自己凡事無所不知。所以，最有效的說服和溝通應該以「坦白」為基礎，而不能光憑所謂的好口才耍嘴皮子。

我們常聽人評價某某某口才很好，指的不外乎是其口語表達能力出眾，口齒清楚，思路清晰。但實用口才的真義是說服對方。具有好口才的人，固然可以成為一個出色的演講家，但卻不見得具有較強的說服能力和溝通能力。要說動對方改變原來的主意，以真情動人遠比耍嘴皮子更有效。同時還得熟稔心理戰術，透過與他人的語言溝通，瞭解對方心裡究竟怕什麼，不怕什麼；要什麼，不要什麼；喜歡什麼，不喜歡什麼，以此建立起談話的感情基礎，就能曉之以理，動之以情，使溝通說服進展順利。口才好並不能做到很好的溝通，但是有力而簡練的溝通才是真正能說服人的好口才。

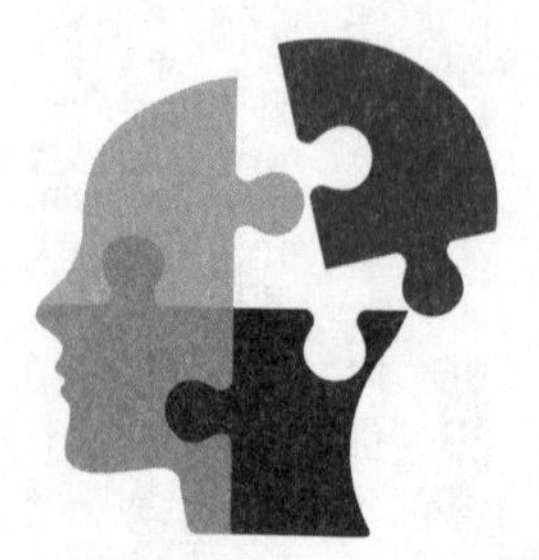

不要相信你的耳朵，眼見為實

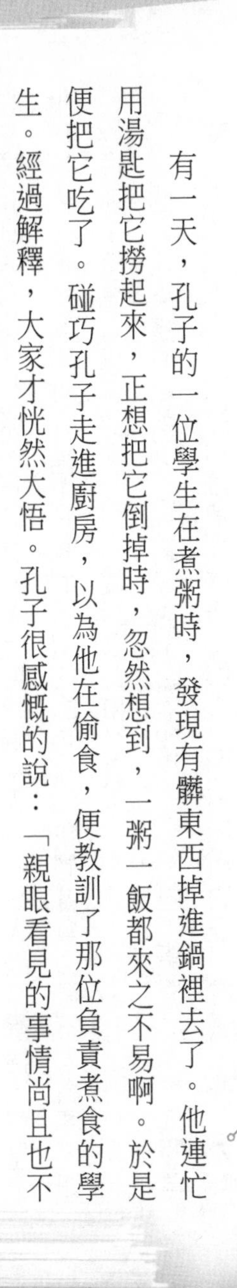

有一天，孔子的一位學生在煮粥時，發現有髒東西掉進鍋裡去了。他連忙用湯匙把它撈起來，正想把它倒掉時，忽然想到，一粥一飯都來之不易啊。於是便把它吃了。碰巧孔子走進廚房，以為他在偷食，便教訓了那位負責煮食的學生。經過解釋，大家才恍然大悟。孔子很感慨的說：「親眼看見的事情尚且也不確實，更何況是道聽塗說呢？」

學過辯論的人都應該明白，對事物應該一分為二地分析，對一個人也應該全面地對待。否則，對人已先有了成見，再加上別人的耳邊風，便對某個人「概觀定論」，這只能說明我們的淺薄。一座山，可以橫看成嶺側成峰；一個人，可以左看忠右看奸；至於某件事，更會因為評論者立場不同而有不同的說法。所以，看一個人不能用他的過去來說明將來，也不能用一個側面取代全部。

古有云：「耳聽為虛，眼見為實。」雖然不一定每個細節都能碰見，但對傳言應該進行調查、分析，弄清真相。這樣才能對某個人、某件事作出最正確的評價，否則，來不及送上一份理解和支持，便會失去一份本該牢固的友誼。甚至有時候，親眼見到的事情，背後也會另有原委，也就是說耳聞有假，目睹亦有偽。人際關係的分歧，就是由於彼此的不瞭解。

人與人之間的矛盾、敵對、冷淡和疏遠，也大都是因為互相不瞭解。如果你想要和別人合作、相處，首先就必須懂得瞭解別人。一般人總喜歡提出意見，批評別人。當別人的行為達不到我們所期待的時候，我們就會顯得不太高興。即使程度並不嚴重，也會多少使別人感到壓力和緊張。

一個人如果想要和別人建立良好的人際關係，就絕對不能要求人家依照自己規定的模式做事，或聽信謠信。解決人與人之間不愉快的唯一方法，就是去瞭解真相。人若看得透，準確判斷，就可以駕馭事物，而不為事物所左右，看人便有準度，從不眼花繚亂，分得清黑白虛實。事實往往與它的外表不同，無知者只見表面；這其實是膚淺的，而愚者卻趨之若鶩。

要做智慧高手，先得克服自己的偏見。槍要有準星才能射中目標，人要有

眼力才能判斷是非。要學會洞察最深處的東西，摸清他人的底細。要學會謹慎，人生中就應該具備良好的判斷力。彷彿是一種天賦智慧，使我們尚未起步就像走了一半成功之路。

隨著歲月和歷練的增長，理智完全的成熟，還可以使判斷力因時制宜、左右逢源。天生有判斷力的人憎惡奇思怪想，尤其在重大判斷上更是如此，講究萬無一失。看清楚事情並不很容易，可是又不能不在這方面多動腦筋。

在政商兩界甚至生活工作中，沒有極強的判斷力，就會落入陷阱。很多事物，都是假像先行，讓笨蛋緊隨其後，展露低俗、平庸，真相往往最後到來，讓愚者無法忍耐下去，失去判斷所必備的細心、觀察，匆匆地下了結論。一個草率的人是沒有關保險的槍，經常會走火；有時竟連耳聽為虛這樣的道理都會忘記，用耳朵代替了眼睛。因為聽了別人對他的非議而頓時便覺得這個人可惡，因為聽了不利的傳聞而頓時便覺得他卑鄙，因為聽了別人的勸說便下決心永遠疏遠他。難道不覺得這對當事人來說是不公平的嗎？難道不覺得自己太膚淺了嗎？

晉景公因聽信奸言，將趙氏忠烈滿門抄斬而演出千古悲劇《趙氏孤兒》；曹操因聽蔣幹傳言誤殺蔡瑁、張允而中連環之計，最後兵敗赤壁壯志難酬。古今

中外，因誤信傳聞而鑄成的悲劇比比皆是，難道還不足以使我們引以為鑒嗎？身在職場，我們不時會聽到是非難辯的話，如是者往往令人混淆是非，不知所措。因此找出事情的真相，不要輕易相信謠言，這樣才能讓「是非明，人者清。」

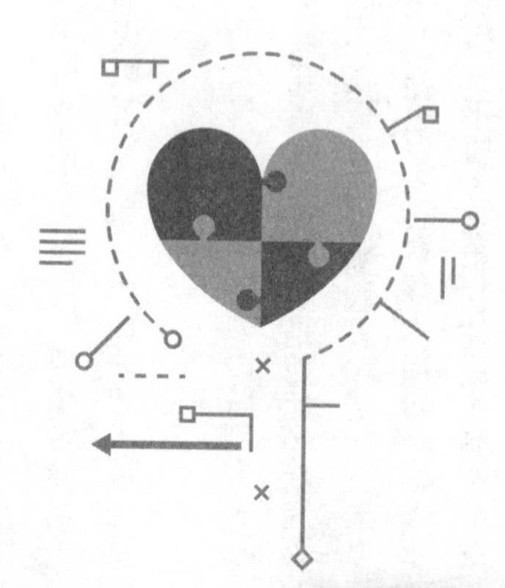

大家都喜歡好聽眾

一般人在傾聽時常常會出現以下情況：或者很容易打斷對方講話，或者發出認同對方的「嗯……」、「是……」等等之類的聲音。一個好的傾聽者，卻是完全沒有聲音，而且不打斷對方講話，兩眼注視對方，等到對方停止發言時，再發表自己的意見。而且更理想的情況是讓對方不斷地發言，越保持傾聽，你就越握有控制權。想學會傾聽，你就必須要先瞭解自己。「人貴有自知之明」，一個人只有深入地瞭解自我，才能有瞭解他人的基礎。所以先深刻地認識自己才是真正具備良好的人際親和力的基石。

每個人在成長的過程中，都會有一些創傷和問題所在，也許會在童年時代感覺到自卑，或者自傲，或者是自我中心，或者曾經遭受到各種各樣的心靈上的創傷，這些問題的存在，都會影響到成年之後的良好的人際親和能力。深刻地認識自己和瞭解自己，不讓童年時代的陰影影響現在的人際交往是以自我反省為開始。

在深入瞭解自己的基礎之上，進行人際交流的實踐是加強人際親和能力的重要過程。在不斷的人際交流的實踐中，別人是一面鏡子，可以折射出自己的某一面，從別人的身上，可以看到自己心靈中自己看不到的另一面。在與他人的交流和實踐中，又可以不斷強化自己的實戰能力，隨時修正自己。有一些人在童年時代就很少有和人交往的機會，雖然他們在童年時代曾經是一個快樂活潑的幼兒，可是由於封閉的家庭環境，他們和人交往的潛能被壓抑了，他們成年以後漸漸成為一個木訥寡言，緊張容易害羞的人。

有的人雖然青少年時代很少和人交往，缺乏實踐的機會，在他們成年以後，有的人因為生活所迫，不得不去謀生，如做銷售等專門和人打交道的職業，漸漸的，他們和人交往的能力在實踐中就無形的增強了。所以實踐是增強人際親和力的必經課程。

每個人都有自己特定的一個成長環境，而他所生長的家庭環境和社會環境給他的自我意識打下了一個印記，對人會有自己的獨特的看法。這些觀點在和其

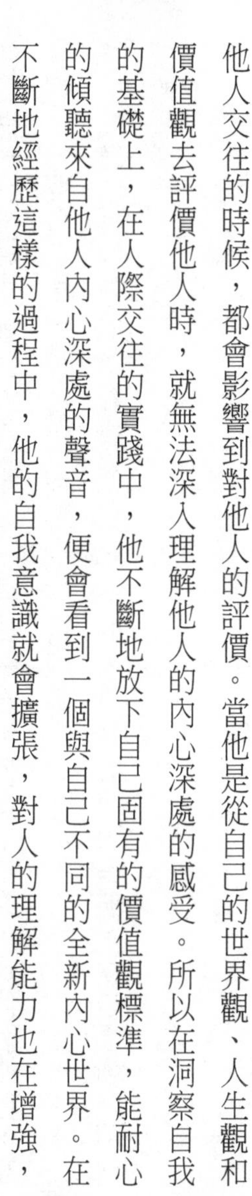

他人交往的時候，都會影響到對他人的評價。當他是從自己的世界觀、人生觀和價值觀去評價他人時，就無法深入理解他人的內心深處的感受。所以在洞察自我的基礎上，在人際交往的實踐中，他不斷地放下自己固有的價值觀標準，能耐心的傾聽來自他人內心深處的聲音，便會看到一個與自己不同的全新內心世界。在不斷地經歷這樣的過程中，他的自我意識就會擴張，對人的理解能力也在增強，一個能深入理解他人的人際親和力自然就增強了。

在溝通過程中，百分之二十說話時間中，問問題的時間又占了百分之八十。問的問題越簡單越好，是非型問題是最好的。說話以自在的態度和緩和的語調，一般人更容易接受。

會說不會聽，懂得說的人大多是懂得聽的人，聽的藝術並不亞於說的藝術。《雅各書》作者說「你們各人要快快地聽，慢慢地說」「存溫柔的心領受那所栽種的道。」傾聽的要旨是在於瞭解一個完整的故事或事情，傾聽的態度是專注和用心。如果你漫不經心地聽，對方會不高興。傾聽的技巧至少包括：

1、參與

看、聽、詢問。就是觀其動作、聲色，有時插入問話，讓對方感受到你在專心地聽其說話。

2、認同別人的經驗

尊重對方的感受，發出一些認同的話，例如「那聽來很重要」或「我感受到你十分看重此事」等等。

3、邀請對方說多些

「可以多說明一點嗎？」、「我想多聽聽你對這事的看法」等等，當然，如果對方離題了，你可以說：「對不起，讓我們回到正題，好嗎？」

4、綜合處理

若對方已說了不少，你可以做些小結，問對方是否是這個意思。

5、提供開放式的意見或建議

開放式就是不會使人無話可說，例如「看來你很不高興，是什麼使你不高興呢？」要避免用「為什麼」而要多用「是什麼」。

傾聽既是簡單的，卻也是大有學問的。良好的傾聽習慣，就是溝通順利進行的潤滑劑。

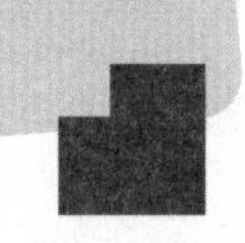

溝通不等於抱怨

溝通，在日常的生活中，是人與人交往的方法；在職場中，則是上下級間相互傳遞想法的途徑。需知，溝通不是無意義的抱怨，優秀的管理者能夠將抱怨轉換為溝通，做出有利於企業發展的改觀；員工如果能夠經由有意義的溝通去替代無意義的抱怨，就能更好的向管理者傳遞自身的想法，不僅僅免去了因抱怨帶來的不愉快，而且往往能取得較好的效果。

1、管理者：從抱怨中發現價值

優秀的管理者，就是要從員工的不滿中學會管理的「金科玉律」。讓員工將不滿說出來，員工在離職的時候才能吐露真言只能說明這個企業的管理有問題，企業應建立起輕鬆的氛圍，讓員工敢於把自己的意見說出來。再能幹的管理者，也是要藉助他人的智慧。在某一方面，說不定下屬比上司更有經驗，而這時

如果對他們的建議不加以重視，不僅會造成管理者決策失誤，還會挫傷下屬的積極性。因此，管理者與下屬之間要建立誠信關係，並由這種關係促使下屬帶著責任感去工作，而不是消極地服從。

國際知名企業的領導人，大多也是從諫如流的管理者，例如，比爾・蓋茲鼓勵員工暢所欲言，對公司的發展、存在的問題，甚至上司的缺點，毫無保留地提出批評、建議或提案。他說：「如果人人都能提出建議，就說明人人都在關心公司，公司才會有前途。」人稱「經營之神」的松下電器公司前總經理——松下幸之助有句口頭禪：「讓員工把不滿講出來。」他的這一項做法，使管理工作多了快樂，少了煩惱；人際關係多了和諧，少了矛盾；上下級之間多了溝通，少了隔閡；公司與員工之間多了理解，少了對抗……

從抱怨聲中完善管理員工產生抱怨的內容，主要有三類：第一是薪資，第二是工作環境，第三是同事關係。那麼身為老闆和管理人員應該如何對待並及時處理員工的抱怨呢？首先，要樂於接受抱怨。抱怨無非是一種發洩，抱怨需要聽眾，而這些聽眾往往又是抱怨者最信任的那人，只要他在你面前盡情發洩抱怨，你的工作就已經完成了一半，因為你已經成功地獲得了他的信任。其次，要儘量瞭解抱怨的起因。第三，要注意平等溝通。事實上百分之八十的抱怨是針對小事，或者針對不合理不公平，它來自員工的習慣或敏感。對於這種抱怨可以透過與抱怨者平等溝通來解決，先使其平靜下來以阻止住抱怨情緒的擴散，然後再採取有效措施解決問題。最後，處理要果斷。

一般來說，百分之八十的抱怨是因為管理混亂造成的，而由於員工個人失職而產生的抱怨只占百分之二十。所以規範工作流程、明確崗位職責、完善規章制度等是處理抱怨的重要措施；在規範管理制度時應採取民主、公正、公開的原則，讓員工參加討論，共同制定各項管理規範，這樣才能確保管理者的公正性和深入人心。

管理者要在企業中大力宣導良性衝突，引入良性衝突機制，對那些敢於向現狀挑戰、倡議新觀念、提出不同看法和進行獨創思考的個體給予大力獎勵，如晉升、加薪或採用其它手段。良性衝突，在GE公司新建立的價值觀中相當受重視，該公司經常安排員工與公司高層進行對話，韋爾奇本人也經常參加這樣的面對面溝通，與員工進行辯論。透過真誠的溝通直接誘發與員工的良性衝突，進而為改進企業的管理作出決策。

在運用溝通激發衝突時，要特別注意運用非正式溝通來激發良性衝突。盛田昭夫就是在與員工的非正式溝通中激發良性衝突的，例如：在一次與中下級主管共進晚餐時，發現一位小夥子心神不寧，於是鼓勵他說出心中的話來，幾杯酒下肚後，小夥子訴說了公司人力資源管理中存在的諸多問題，盛田昭夫聽後馬上在企業內部進行了相應的改革，使得企業的人力資源管理步入了良性軌道。

2、員工：將抱怨變成溝通

在職場中，面對不公平，不滿之處，很多時候我們會放棄溝通，因為希望管理者能夠理解自己，瞭解自己的需求或者知道該做些什麼，而管理者未必知道，未必瞭解你的任何想法，因為真正的瞭解一個人，需要放下自己，需要全身心去感受管理者，而在生活、工作、交往中，又有幾個能夠這樣去做呢？

因為放棄溝通而希望管理者不用溝通就能夠瞭解自己，但現實是希望往往會變成失望，失望之後，還是不去溝通，而是去抱怨他人怎樣怎樣，人就這樣為難自己，這樣給自己的心添加了很多不健康的因素。這並不是說當員工和管理者在言語、行動、價值觀等方面產生差異的時候，一定要找時間開誠佈公地溝通，告訴其不滿意的地方或者說存在分歧的點，希望管理者怎麼說、做、考慮，當然，

在溝通的過程中可能還是會發生分歧、爭執等，但是，至少員工要把自己的想法和情緒釋放出來了，當然彼此說出自己的想法，然後相互理解，並彼此去妥協或者遷就，慢慢去適應管理者的方式的過程中影響管理者的方式，進而讓彼此更加和諧。

將抱怨變成溝通，有利於問題的解決，有利於增進彼此的理解，有利於化解彼此在心中沉澱的不滿。當然，在溝通的過程中需要以真誠為基礎，同時注重溝通的技巧和方式是非常重要的。

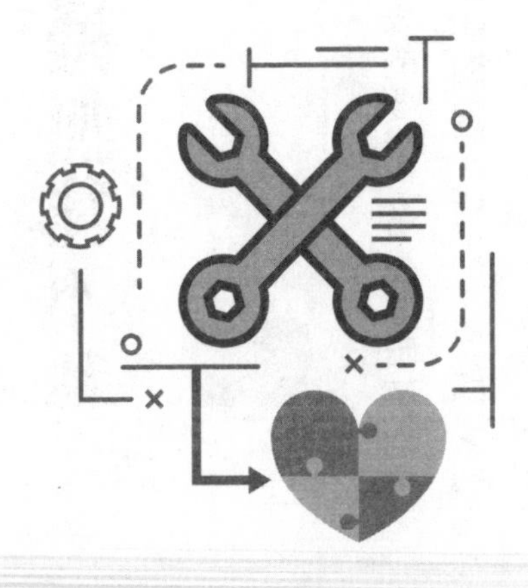

換個角度思考，讓你溝通無往不利

「瞭解他人」與「表達自我」是人際溝通不可缺少的要素。首先要瞭解對方，然後爭取讓對方瞭解自己，才是進行有效人際交流的關鍵，所以，要改變匆匆忙忙去建議或解決問題的傾向。現在的人自我意識很強烈，大家都喜歡從自我的角度去看待一件事物，經常看一句話或一件事就用自己的主觀意識做出判斷。注重的是自我感受，卻很少在意別人的想法與感受。在現實的社會裡有很多人主張換位思考，就是讓自己多站在別人所處的位置想一想，去感受別人的感受。進而尋求解決問題的最佳方法。

溝通之前，多一點換位思考，就會瞭解彼此的想法和心情，就能夠相互的理解和支持。不能總自以為是，以自我為中心，我的就是對的想法來看待問題，得到結果只會是偏執和激進。換位思考會有助於自己更加清楚透徹的看清事情的全面性，全理性，同時也會讓自己多一份理解，多一份寬容。要培養設身處地的「切換角度」溝通習慣。

欲求別人的理解，首先要理解對方。人人都希望被瞭解，也急於表達，但卻常常疏於傾聽。眾所皆知，有效的傾聽，不僅可以獲取廣泛的準確資訊，還有助於雙方情感的累積。當我們的修養到了能掌握自己、保持心態平和、能抵禦外界干擾和聽取眾家之言時，我們的人際關係也就更進一階了。

這些原理也同樣適用於人，但也會有例外。只有當人人都敞開胸懷，以接納的心態去尊重差異時，才能眾志成城。我們是在為別人想，當事情的後果不如我們所想像或期待時，我們也多半覺得委屈覺得「好心沒好報」。那麼，是別人真的不明白我們呢？還是其他因素？仔細地想一想，我們就會發現，這種換位思考並不是真的換位思考，而是以本位主義來瞭解別人的想法及感受，這並非真正地為別人著想，因為它忽略了對方真正的想法及感受。這種做法缺乏了尊重，尊重別人的責任，尊重別人的能力，尊重別人的自主權。所謂的「好心辦壞事」就是這樣。

好奇心，是換位思考的一個元素，好奇地去瞭解一下對方真正的想法和感

受。就好像對一個嬰兒，我們只有好奇地站在他的角度去看他的世界，才會瞭解一個都是腳的世界是個什麼樣的世界；就好像對於一個坐在十幾個大人的腳下，聽著大人高調的男孩，只有好奇心才能使我們與他一起坐在地毯上，體會一下那是什麼樣的心情。有一點好奇心，才會使我們謙虛地放下身段看看他的內心世界到底是什麼樣子。

好奇心使我們暫時放下自己的主觀，來理解別人的主觀，瞭解之後才能真正地開始「換位」，換了位之後，才能開始比較正確地思考，溝通的第一步就是這個。其實，許多情況下我們都可以進行換位思考。相信每一個人大多有這樣的經驗：聽到別人讚揚或附和的話，心裡就會得意洋洋。聽到刺耳的話或是不同的意見，就會心裡彆扭或發火。心理學上講「同理心」，也是讓人在溝通的時候，能夠從對方的立場和視野去觀察和思考，以順應和附合的方法去達到對方的認同，進而達到溝通的目的，這也是基於人對於「相同」的接納及對於「相異」的排斥的規律。

所以，換位思考是一個對溝通大有裨益的方式，我們可以多多地去培養自己這種方式，並且將其變為習慣。

辦公室溝通，誠意最重要

「夫書以載言，言以傳意」。傳意，除了需要正確清晰地傳遞資訊、表達觀點、顧全體面、言辭優雅之外，同時也需要及時收集對方的反應、全面掌握話題的進行、深刻表達自己的感情。從語言學的角度看，語言的普遍有效性是要求話語的「可理解性」——符合某種語言語法規則的話語，就是可理解的。

而對應於語言的三種語言學功能，還存在著三種不同的「有效性要求」。就語言的呈現事實之功能來說，它必須滿足的有效性是要求陳述的「真實性」，一個陳述外在世界事實的話語，必須被認為是真實。就語言的建立和人際關係之功能而言，它必須滿足的有效性是要求規範的「恰當性」，一個產生出共同認可的價值規範的話語必須被認為是恰當的。就語言的表達主體內心意向之功能而言，它必須滿足的有效性是要求「真誠性」，一個表達出說話者意圖的話語，

必須被認為是真誠的。有同與此，用語原則在注重真實性、恰當性的同時，也不能忽略言語交際中的靈活性。因此在這裡，考慮言語交際中一方採取主動以期有效溝通的語境，提出幾點較為實用的用語原則。

誠意原則可以分成以下五個準則：

1、重視準則

使對方產生「重要人物」的感覺。將對方預設為善良、理性的人；讓對方知道他（她）對於你有多麼重要；承認對方有某些自己所不及之處。

2、理解準則

瞭解對方，善解人意，投其所好。包括設身處地，從對方的角度來考慮事情；對他人的想法和願望表示理解、同情；多徵詢對方的願望、需要、意見和想法。

3、專注準則

在對話中突出對方，而不是強調自己。包括多談論令對方感興趣的人和事物，特別是使對方多談論自己；認真傾聽，提出引導性的問題，使話題繼續；儘量減少使用「我」、「我的」和「你」、「你的」，請多使用「我們」。

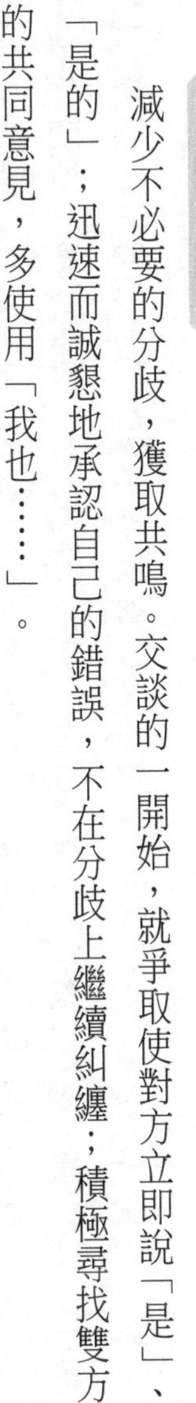

4、認同準則

減少不必要的分歧，獲取共鳴。交談的一開始，就爭取使對方立即說「是」、「是的」；迅速而誠懇地承認自己的錯誤，不在分歧上繼續糾纏；積極尋找雙方的共同意見，多使用「我也……」。

5、贊許準則

誠於嘉許，寬於稱讚。盡你所能表現真誠的讚揚和欣賞；不要批評、指責或抱怨他人，正是因為被理解、關心、認同的感覺對我們而言實在太重要了。一個善解人意的人無論在哪裡都會受歡迎。

社會秩序僅靠法律很難維持，還要依靠道德的制約。法律只能告訴我們什麼事情是禁止的、什麼事情我們不能做，卻無法告訴我們什麼事情是提倡的、是應當去做的。現有的用語原則，多數都告訴了我們「不能怎樣」、應該「怎樣」才合理，卻鮮有讓我們知道「怎樣」才是比較優選的方案。因此，在上面提出了一些比較具體的做法。這其中，需要解釋一下認同準則：跟別人交談的時候，不要以討論不同的意見作為開始，要在一開始就強調「而且不斷地強調」雙方都同意的事。一個否定的反應會成為最不容易突破的障礙。當一個人說「不」時，

他所有的人格尊嚴，都要求堅持到底。因此，在交談的一開始，就要爭取使對方立即說「是」、「是的」，使對方採取肯定的態度。在主動言語交際中遵循誠意原則，可以令氣氛融洽、使溝通事半功倍。表達看法、要求或建議時，話講得慢一些，容易給人誠實的印象。如果說話很快，則易讓人產生輕浮的印象。有十足理由的觀點或要求時，若能以輕聲的口氣說，就會較容易讓人相信和接受。與人交談的時候，上半身往前傾斜，可表現出你對交談者和所談的事的強烈關心。「隨時隨地聽您的吩咐」這句話可使對方感覺到你的誠意十足。認真時，有認真的表情，好笑時，則儘量去笑，這樣做會給人感覺良好的印象。

與客人或朋友、同事握手，一定得比常規距離更近一些，能表示你的友好和熱情。不論是交際或私情，工作之餘凡是和上司一起相處在開放式的情緒中，翌日早晨都應該規規矩矩地上班，而且要比上司更早開始工作。因為這種做法可讓上司知道自己是個公私分明、掌握原則的人，因而加強了對你的信賴感。恪守在談笑間所訂立的諾言，可增加對方認為你很誠實的印象。此外，還可以以手勢配合講話，比較容易把自己的熱情與真誠傳達給對方。

良好溝通才能避免猜忌

猜疑心理，一般總是從某一假想目標開始，最後又回到假想目標，就像一個圓圈一樣，越畫越粗，越畫越圓。最典型的例子就是『疑人偷斧』的寓言故事了：一個人丟了斧頭，他懷疑鄰居偷的，當他看見鄰居時，發現鄰居走路像小偷，說話像小偷，一舉一動都像小偷。後來，他在山谷裡找到了斧頭，再看到鄰居時，卻發現鄰居走路、說話一點也不像小偷了。

在職場上，這個故事可以看作是在影射同事之間缺乏交流和溝通而引起猜疑。現實生活中，同事之間以鄰為壑，缺少掏心掏肺的溝通交流，因而相互猜疑或者相互挖洞，這是因為大家都過高看重自己的價值，而忽視其他人的價值；有的人遇到問題，盡可能把責任推給別人；還有的是利益衝突，惟恐別人比自己強。既然是同事，就是說大家要一起做事。那麼與人合作，就必須知道對方想要

的或者所期望的是什麼，能滿足的就要認真滿足；如果無法滿足的，就要採取相應措施予以彌補。

怎樣才能知道對方想要的是什麼呢？當然就是溝通。對在溝通中獲取的資訊進行分析和判斷，我們就比較容易知道對方想要的是什麼。然而，事實卻是，溝通被普遍認為是現代職場中最薄弱的技能。

自強的部門負責策劃和組織一項大型活動，其中大量瑣碎的工作需要某個部門協助。然而，雙方在事前溝通的時候，遇到了很多障礙。那個部門的負責人既不說不給支持，也不說給予支持；而是不斷地訴苦，說部門裡面的人手本來就不夠用，現在的工作也很繁雜，等等。自強又對此很納悶，他想，既然令這位同事這麼為難，那他為什麼又不明確拒絕呢？後來，透過搜集來自協力廠商的資訊，他終於搞清楚，那位負責人只是希望自己能夠出現在主辦方的名單裡，僅此而已。原因找到了，問題自然也就迎刃而解了。

工作合作過程中，我們經常會遇到各種各樣的障礙，撥開這些障礙所散播的迷霧，我們會發現，其實在很多情況下，是我們並不清楚合作方想要的到底是什麼，如果我們無法滿足對方的需求，就容易使問題複雜化。現代工作關係

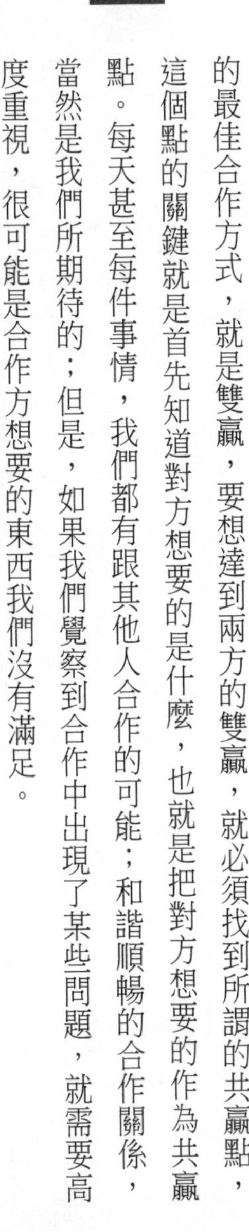

的最佳合作方式，就是雙贏，要想達到兩方的雙贏，就必須找到所謂的共贏點，這個點的關鍵就是首先知道對方想要的是什麼，也就是把對方想要的作為共贏點。每天甚至每件事情，我們都有跟其他人合作的可能；和諧順暢的合作關係，當然是我們所期待的；但是，如果我們覺察到合作中出現了某些問題，就需要高度重視，很可能是合作方想要的東西我們沒有滿足。

在我們尋求同事協助的時候，如果遇到障礙，你首先應該做的就是：必須馬上去瞭解對方想要什麼，然後想辦法滿足，要讓對方知道他很重要。職場中，同事們以專案組的工作方式共同完成某項任務，是常見的一種合作模式。合作中，有時我們是工作主導者；有時，我們則是輔助者。無論是哪種身分，都要求參與的各方，和諧溝通、目標一致、步驟協調，順利推進專案的執行，取得既定成果。

尤其是公司內部跨部門之間的合作，往往沒有存在共同的上司，你不可能透過自己的上司來推動另一個部門的同事為你做事。所以，只能依靠對目標和利益的共同認識來完成合作。首先找到雙方的共贏利益，不斷地與對方溝通，告訴他合作對他的重要意義在哪裡，爭取對方的支持。個人關係在合作中固然重要，

但在雙方關係一般的情況下，最重要的還是找到足夠吸引對方的利益點。

人與人之間、同事之間要經常溝通資訊，這樣才利於團結。一個優秀的企業，強調的是團隊的精誠團結，密切合作，因此同事之間的溝通十分重要。同事之間要想溝通好，必須開誠佈公，相互尊重。如果雖有溝通，但不是敞開心扉，而是遮遮掩掩，話到嘴邊留半句，那還是達不到溝通的效果。然而，同事之間最容易形成利益關係，如果對一些小事不能正確對待，就容易形成溝壑。日常交往中我們不妨注意掌握幾個方面，來融洽關係，建立良好的溝通基礎。

一齣精采的戲劇演出，絕對不僅僅是主角的精采，而是所有演員、編劇等通力合作的結果；也就是說，精采的演出需要所有參與者的辛勤和智慧，每個人都很重要。任何人的疏漏、鬆懈和不專業，都可能會給劇情帶來缺憾。職場中，你一定要學會與同事多溝通，這樣才能有效地減少紛爭，讓大家齊心協力走向成功。

你要懂得迎合上司的心理

常言道「伴君如伴虎」，面對上司，很多人往往覺得不知所措，總是擔心說錯話給自己帶來麻煩。其實大可不必，在面對上司時，只要掌握好說話的技巧和分寸，就很容易贏得上司的重視和青睞。首先要擺正自己的心態，在面對上司時，態度上要不卑不亢。對上級當然要表示尊重，但是絕不要採取「低三下四」的態度。絕大多數有見識的上司，對那種一味奉承，隨聲附和的人，是不會予以重視的。

在保持獨立人格的前提下，你應採取不卑不亢的態度。之後要瞭解你的上級，這方面並沒有很簡單的方法能一蹴可幾。從心理學角度看，在上級的價值觀、處境、職責、壓力、背景、經歷、個性等各種因素中，以瞭解他們個性最為重要。你選擇與上級溝通的管道、方式、語言等無不與上級的個性息息相關。

當然，上級個性的形成和發展和上述其他因素也是密不可分的。對於談話的內容，要注意反應情況要真實，要正確報告事實真相，這是相當關鍵的，這不僅有利於上級做出正確的決斷，也直接影響到上級本人的威信。有許多部門上下級，同級之間發生糾紛，就是因為某些人向上級報告失實而造成的。

美國有一位廣告大王布魯貝克，在談起他年輕時的一件往事時說，有一次他所在公司的經理問他，印刷廠把紙送來沒有？他回答送過來了，共有五千份。

經理問：「你有數了嗎？」他說：「沒有，是看到單子上這樣寫的。」

經理冷冷地說：「你不能在這工作了，公司不需要一個連自己也不能替自己反應清楚情況的人。」

對於自己沒有把握的事情不要說。自己沒有做過的事情，不能說做得很圓滿，這樣反而會讓上級反感。

另外，在與上級溝通時，還要明白，一些讓上司不高興、下不了臺的話，最好不要說。比如：回答上司的問題說：「隨便」、「都可以」這樣的回答，會讓你的上司感到你感情冷漠，不懂禮節，對什麼都採取漠不關心的態度。如此一來，你在他心中的印象就會下降一個層次，這可不是件好事。對上司說：「這

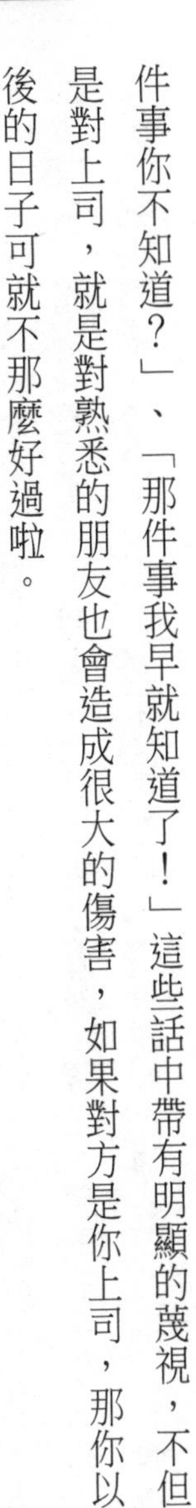

件事你不知道？」、「那件事我早就知道了！」這些話中帶有明顯的蔑視，不但是對上司，就是對熟悉的朋友也會造成很大的傷害，如果對方是你上司，那你以後的日子可就不那麼好過啦。

對上司說：「您辛苦了」、「太晚了」、「好啊」、「可以啊」、「您的做法真讓我感動」、「經理決策英明，我很感動」之類的話。這些話應該是自上而下的，由身為下屬的你說出口顯得有些欠妥。

「我想，這件事很難辦！」這句話也不要隨便說。一方面顯得自己在推卸責任，另一方面也顯得上司沒有遠見，讓上司面子掛不住。如果是皆大歡喜的好消息，那麼不太講究技巧的話倒也無所謂。但一些帶有批評性建議、一些強制性或約束性的規定，以及一些比較特別的要求，直接說出來往往讓人聽了很不舒服。

很多時候，單刀直入和針鋒相對的表達意見只會起到建議的反效果。因此，如何巧妙準確的表達自己真實的、真正的意思，又不得罪對方，這需要用心慢慢體會。先說「Yes」，後說「No」，委婉巧妙地表達出不同意見、征得對方的同意，在某種程度上講，比直言相勸卻弄了一頭灰還沒有效果的方式要好的多。

俗話說，對貓狗等小動物要順著毛摸，職場上說話也是如此。特別是對於位高權重的上司，如果你總是直言犯上，就像是觸了逆鱗，輕則罷職，重則丟命。這時候不妨試試順毛摸的方法，先順著上司說，表示對他的意見的贊同，讓他能夠聽得進去你的話，然後再提出規勸的意見，這樣就很容易被接受了。

春秋時期，楚莊王的一匹愛馬死了，他非常傷心，下令以上等棺木，行大夫禮節厚葬。文臣武將紛紛勸阻也無濟於事，最後楚莊王還下決心，誰敢再勸阻，一定要殺死他。優孟知道了，直入宮門，仰天大哭，倒把楚莊王弄得異常納悶，迫不及待地問是怎麼回事。

優孟說：「這匹死去的馬是大王最喜歡的，楚國堂堂大國，卻要以大夫的禮節安葬牠，太寒酸了。」

莊王聽到優孟不像群臣那樣勸諫，而是支持他的主張，不覺喜上心頭，很高興得問：「照卿看來，應該怎樣辦才好呢？」

「依我看來，請用君王的禮節吧！」優孟清了清嗓子，繼續說：「請以美玉雕成棺，派士兵挖掘墓穴，使老少都參加挑土修墓，齊王、趙王陪祭在前面，韓王、魏王護衛在後面，用牛羊豬來隆重祭祀，給馬建廟，封它萬戶城邑，將稅

收作為每年祭馬的費用。」說到這裡，優孟話鋒一轉，委婉地指出了楚莊王隆重葬馬之害：「讓各國使節共同舉哀，以最高的禮儀祭祀它。讓各國諸侯聽到後，都知道大王以人為賤而以馬為貴啊。」

經此語一點，確實是點到了楚莊王的要害，莊王恍然大悟，趕緊請教優孟如何彌補自己的過失。

優孟說：「請大王用葬六畜的辦法來葬馬，把牠葬在人的肚腸裡。」於是，莊王聽從了優孟的勸諫，派人把馬交給掌管廚房的人去處理，並向大家強調，不要將此事傳揚出去。

優孟因侍奉楚莊王多年，熟知其性情，知道此時，無論是忠言直諫還是強行硬諫都很難奏效。以優孟地位之微，如果直陳利弊，凜然赴義，固然令人肅然起敬。然而他正話反說，從稱讚、禮頌楚莊王「貴馬」精神的後面，對比明白的引出了莊王「馬貴人賤」的行為，莊王也就清醒的認識到了自己的錯誤所在。其實，優孟的做法很簡單，他先表示贊同，在別人都反對莊王的情況下，就很容易博得莊王的認同，覺得優孟跟自己是站在一邊的，認為優孟是為自己說話的，不像其他人，開口閉口都是些仁義道理，明顯是在拿著尺規批評自己的行為。

在感情上獲得支持之後，優孟又巧妙的用了誇大的手法，貌似給莊王提建議，怎麼更好的葬這匹馬，實際上是用了反諷，讓莊王意識到了自己的決定有多麼的不合適，讓他自己醒悟過來，自然也就達到了勸解的目的。硬話要軟說，觀念要引導。先順著對方的意思說開來，穩住人心，然後再逐漸深入，引出對方也能接受的道理，這樣對方就能明白自己的錯誤，並能接受別人的建議。

有些話很難直接說出來，為了避免尷尬，可以從反面說起，反面的話稍加引申，就能走到反面的反面，也就是正面。反語是語言藝術中的迂迴術，是更為極端的迂迴術。正話反說便是以徹底的委婉，欲擒敵縱，取得合適的發話角度，達到比直言陳說更為有效的說服效果。

人與人之間如果沒有了交流和溝通，那麼情感也會因此而疏離。所以，與上司的溝通是絕對必要的。掌握一些原則和技巧，有助於我們消除「對上溝通沒有膽」的毛病。在與上司談話時，察言觀色，以平常心去應付，習慣成自然，對這類情況就可以應付自如了。

POINT

第二章 同事之間的微妙關係

據資料顯示，同事關係已經成為困擾都市人的因素之一。現代人大多在事業上竭盡全力，每天與同事在一起的時間有時甚至會大大超過家人。在職場上奮力打拼的人們該怎樣處好同事關係？你在與同事相處中有著怎樣的體會？

放下戒備心，同事不是敵人

唐朝有位大夫叫做柳秕，他的為人正直，朝野聞名。在赴任瀘州的途中，經過渝州時，一個官員的兒子慕名前來拜見。這個年輕人隨身帶來了自己的作品，畢恭畢敬的請柳大人指教。柳大人認真讀過以後，連聲叫好，並希望該青年再接再厲，不時將作品拿來共勉之，該青年高高興興地回去了。

柳大夫的兒子剛好也在旁邊，他悄悄問父親：「那孩子寫的東西簡直是狗屁不通，你怎麼還表揚他呢？」

柳大夫說：「這幾年巴蜀一帶多變故，土豪崛起，官不像官，民不像民。這個青年出身貴族，卻專心寫作，有心向善，實在不容易。只要循循誘之，讓他堅持下去，那麼這個世界上不是就會多一個正經人，少一個草賊嗎？」

柳大夫這麼一說，還真讓人有些擔心，萬一這位青年碰上一個剛愎自用、

自以為是的人，說不定就會開始自暴自棄，漸而改變原本的人生道路。所以說，與人為善少樹敵，助人助己。

這世界上，確實有那麼一些人，喜歡猛烈攻擊別人的不是，透過別人的不是來證明自己的清白和正當性。

在職場中，也有這麼些人，因為對某些事物的不滿，而選擇了較為激進的方式。在這個過程中，他把別人逼到對立面也在所不惜，這樣的人，比無所事事的人更可怕。所以說，可以選擇獨善，但一定要先學會與人為善。

人的一生中，每天有三分之一的時間是和同事在一起的，能不能從工作中獲得快樂與滿足，是需要用正確的、平和的心態去對待工作、對待同事的。假如你無法選擇工作、無法選擇同事，但至少你可以選擇採用什麼樣的方式去工作，以什麼樣的心情去看待職場。

一個以敵視的眼光看世界的人，對周圍所有人都戒備森嚴，心胸窄小，處處提防，他不可能有真正的夥伴和朋友，只會使自己陷入孤獨和無助中；而寬宏大量，與人為善，寬容待人，能主動為他人著想，肯關心和幫助別人的人，則討人喜歡，易於被人接納，受人尊重，具有魅力，因而更有機會去體驗成功的喜悅。

在現實生活中「不能把同事當成朋友」是很多職場人的信條；而「不要把同事當做敵人」的真理，卻是被大多數的職場人所忽視。

經過一番努力，伊芳進入一家文化產業工作。對於新人來說，初入職場的第一要務便是盡快熟悉業務，搞好同事關係，以便能快速站穩腳步。而伊芳卻是個例外，因為她一直抱持著「防人之心不可無」的哲學——如果有同事主動和她說話，她反而會加倍防範，認為對方不安好心、有意圖。

有一次，伊芳看到和她同期一起入職的同事，與其他資深同事的名字一起出現在某件作品上時，她就跑過去說：「你好厲害喔！連某某都被你搞定了！」

話一傳開，大家都不願意招惹她，而伊芳在辦公室裡變成了一個邊緣人，有什麼團體活動都沒人告訴她，遇到麻煩更是沒人幫她，而她的業績也幾乎都是倒數的，最後伊芳得到的是被辭退的結果。

像伊芳這樣的人在職場中屢見不鮮，這種人的表現態度有很多種，比如給同事扯後腿、挑撥離間、惡意競爭之類。伊芳的失敗很大因素是不良的同事關係，而不良的同事關係是由她的敵對心理所引起的，而她的敵對心理又是由她對人的不信任所引起，是缺乏基本的安全感導致的。因此伊芳必須從建立起對人的

基本信任感和自身的安全感入手，與別人建立良好關係，從促進溝通開始。

所以，心理學專家告誡職場中人：與人為善，少樹敵，才能讓自己得到發展。首先，就是要主動放下防範之心。主動與同事交流溝通，同事不是你的敵人，寬容別人，帶著欣賞的眼光去發現同事的優點，在團體中你會感覺更好、更輕鬆。其次，及時發洩。當內心積壓了許多負面情緒，感覺很壓抑時，要提醒自己停下來。否則，就會感到煩躁不安，甚至會有攻擊和毀滅的衝動。對它們進行清理時，可以採取寫日記、傾訴、在空曠處大聲喊叫、唱歌、運動等方法。

與人為善少樹敵，任何人都應該明白，別人永遠都是你的鏡子，如果你對別人微笑，別人也會對你報以笑臉；而如果你對別人投以敵視的目光，你會看到別人也向你投來敵視的目光。

沒有問題也要多向「老鳥」請教

職場新鮮人進入企業，過渡期越短，與企業融合的越快，發展的就越快。這個過渡時間的縮短，要靠新人們自己的努力，別人只能幫你，而不能替代你。

由於每個人的性格差異，加上剛到一個新的工作環境，新進員工總是缺乏與資深員工交流的信心和勇氣，甚至有些放不下架子，遇到困難和問題時寧可多走彎路，也死要面子不主動請教。同時，再加上心理因素，有時候總感覺自己屬於短期人員，有被人排斥在外的感覺。

雖然資深員工對新進員工也挺客氣的，可是新進員工總是難和他們熟起來，總是侷限在自己那個狹小的關係圈裡。因此，儘管自己在許多方面都無法和資深員工相比，但新員工一定要敢於和他們往來，要理直氣壯的把自己當做這個團體中的一員。

：：第二章：：

同事之間的微妙關係

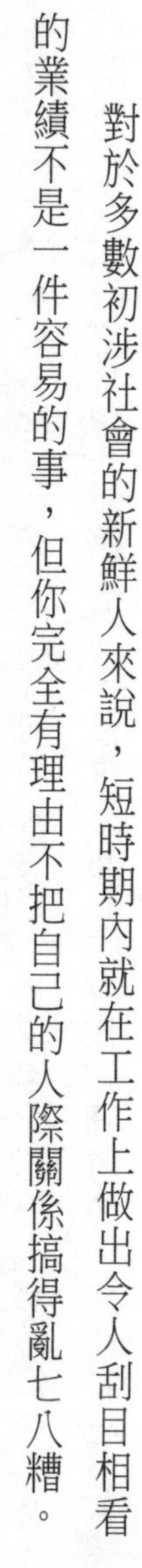

對於多數初涉社會的新鮮人來說，短時期內就在工作上做出令人刮目相看的業績不是一件容易的事，但你完全有理由不把自己的人際關係搞得亂七八糟。

日本為人際關係取了一個形象而動聽的名字叫「人脈」，相信良好的人際關係是每一個職場新人都熱切盼望的。它不僅可以帶來一份快樂的心情，讓工作本身注入享受的成分，更能提供許多有形或無形的契機，幫助你的計畫可以更趨向成功。多向同事請教是快速進步的方式。要有從零做起的心態，放下架子，尊重同事，不論對方年齡大小，只要比你先來公司，都是你的老師，你只有虛心請教，不斷學習加上埋頭苦幹。

多向「老鳥」們吸取經驗，使我們可以瞭解公司是趨於朝陽產業，還是夕陽行業？這樣你就能知道幾年後自己累積的工作經驗，對職業發展有什麼幫助。如果轉入相關行業，還需要補充哪些技能，或自己可對哪些領域進行研究、謀求發展。在工作中不斷關注行業評論，聽取前輩們的觀點，漸漸深化認識。

向老鳥們吸取經驗，我們可以真實地瞭解到所在公司是屬於行業龍頭，還是面臨內憂外患、業績正在下滑等。這樣你就能知道自己能和公司一起走多遠，你的三到五年計畫也就有了雛形。即使公司在規模、盈利、薪酬等各方面都不算

最好，但是對如一張白紙的新人來說，有足夠的東西可以學習是最寶貴的。

向「老鳥」們工作技能、企業規章制度、企業管理、上崗培訓的知識累積，以及對職場禮儀、辦公室政治等職場潛規則的學習，都是職場生存的重要基礎。

有些東西，可能未入職之前不一定能夠很透澈的瞭解，如果不請教資深員工的話，也許要很久才能瞭解到：包括公司有哪些部門，各個部門的職能、運作方式如何，自己所在部門在公司中的功能和地位，所在部門內同事的頭銜和級別，公司的晉升機制等。

對公司整體框架有了概念，你就能初步明確自己在公司的發展前景，進而爭取主動、實施計畫。在做好本職工作、累積職場經驗的同時，還可以積極為下一份工作做準備。比如瞭解心儀行業的職業定義和應該具備的職業技能、核心競爭力，利用空餘時間提升自我。

虛心向老鳥們請教才能調整好心態，確定工作的輕重緩急，知道與你工作相關的人和事必須在最短的時間內熟悉；熟知自己的工作性質和工作任務，你的崗位有些什麼要求，責任有多大，處罰如何規定，必須牢記在心；熟悉公司的業務範圍和與你崗位有關的客戶情況，這些方面的內容越詳細清楚，對你就越有幫助；瞭解前任同事在該崗位時的工作狀況，這樣就有一個比較。知道做到什麼程度會得到賞識，出什麼差錯會被炒魷魚。

和老鳥們吸取經驗的過程，本身就是一種積極融入企業文化的做法，如果自己認同該企業文化，就要使自己的價值觀與企業宣導的價值觀相吻合，以便進入企業後，自覺地把自己融入這個團隊中，以企業文化來約束自己的行為，為企業盡職盡責。

多向「老鳥」吸取經驗，在他們身上學到東西的時候，建立融洽的人際關係，老鳥們不僅可以幫助你、指點你、向你傳授經驗，而且在試用期結束時，可以幫你「說好話」。如果你的同事一致反應說你這人不錯，挺能幹的，很有潛力，那你的試用期肯定會通過，因為他們的評價直接影響著上司做最後的決定；如果與周圍同事的關係很僵，有些同事可能會在工作中故意為難你，使你試用期的工作成績為零，還可能向上級反應說你這人能力差，不愛學習等，那麼你的試用期是否能通過就難說了。

向公司「老鳥們」吸取經驗是門技巧，也是條捷徑，職場「小鳥」要做好這項工作，才能飛得高，飛得遠。

傲慢的同事討人厭

驕傲心理是指由於高估自己，低估別人而引發出傲慢自負的心理狀態。有一部動畫片《驕傲的將軍》，寫的是一位曾經是百戰不敗的將軍，每日練武、磨槍，武藝越練越高強，長槍也越磨越鋒利，每戰必勝，於是就滋生了驕傲情緒，覺得自己的武藝舉世無雙，打遍天下無敵手，就開始懈怠起來，刀槍入庫，馬放南山，終日飲酒作樂。突然有一天，兵卒來報，敵軍壓境，兵臨城下。將軍倉促應戰，不料長槍鏽跡斑斑，馬無馳騁之力，才一個回合就被生擒了。

這個故事表現的「驕兵必敗」道理早已為人們所熟知。可是，對於剛入職的新人而言，最容易犯的毛病就是驕傲，不能做到尊重，即使你覺得資深員工的能力不如你，但有一點一定要記住，哪怕他只比你早來一天，他都是前輩，而對待前輩時無論是欣賞還是不屑，我們都應該放低姿態，表現出恰當的禮貌，這是一個基礎的教養問題。

努力的工作，適當的表現、寬廣的胸懷都可以更容易地得到老闆和同事的認可，進而為自己的職業生涯鋪平道路。

資深員工在多年的實踐中，經歷了許多失敗和挫折，由此換來了許多寶貴的經驗，也累積了良好的人脈關係。這些結合公司實際的寶貴經驗和人脈關係是這些資深員工用時間換來的，是書本上沒有的，是無價之寶。

所以，新員工們要虛心地向資深員工們學習，真正學到他們的好經驗，避免在工作中「重複資深員工過去的失誤」，達到事半功倍的效果。

對待資深員工，最好的辦法是柔性超車。柔性超車，講究邊學邊超，透過向他們學習，找到完成工作的最佳方式和途徑，形成自己的工作風格，使上司和同事們慢慢看到你的潛力，從心裡接受你，尊重你，當好的機會來臨時，你才能平穩地把抓住它。如果急於求成，各種人際障礙會把很多機會遮蔽在你的視線之外，進而對你的發展造成不必要的阻力。

有兩位大學生，兩人同樣的優秀，畢業之後，同時進某家企業工作，甲是個急性子，工作半年就寫了一份洋洋灑灑的萬言意見書，痛述企業存在的問題，

並提出了很多有價值的改革措施，但由於這些措施觸及資深員工的利益，實施起來阻力較大，弄得不好，會搞垮整個企業，上司不願意採納。

碰了一鼻子灰的甲很快受到資深員工的排擠，只做了一年就憤然離職。而乙同樣看到企業存在的問題，但他沒有急於求成，而是虛心向資深員工學習，盡量把手上的工作做好，得到了大家的認可。

後來，當企業遇到難題，大家一致推薦了工作能力已相當成熟的乙，乙既解了大家的圍，又幫企業度過了難關，深得上司的好感和大家的信任。

最後，乙慢慢地走上了中層崗位，成為最年輕的部門負責人，手下的員工們雖然資歷都比他老，大家卻對他心服口服。

如果你是個管理者，在管理資深員工時首先要學會尊重，尊重他們的功勞與苦勞，正視他們的地位，在這個基礎上發揮他們的優勢，揚其所長，讓每一位資深員工都能夠貢獻自己最大的價值。

對表現不佳的資深員工千萬不要動不動就開除，對他們應該學會指導和幫助提升，開除是一種沒有能力的表現，會打擊其他員工的積極心與忠誠度，更會影響團隊的凝聚力。

新員工與資深員工要在工作上一視同仁，但對資深員工，在晉升等方面可以給予更多的支持，如在能力相等的情況下，晉升時優先考慮資深員工，與新員工保持區別可以保證資深員工的權利。當然，對於資深員工考慮，不是回到論資排輩上去，而是按資深員工在公司創造的價值，可以從福利、年底分紅、股權等方面去考慮的。

對資深員工在福利及發展上的特殊照顧，即加強了他們對團隊的凝聚力，更讓新員工看到自己成為資深員工的前景，而加強團隊的忠誠度。在工作中對資深員工應講究「關愛但不溺愛，尊重但不縱容」的原則。

對於那些將要退休的同事們，更確切地說是前輩們，面對沒有年齡界限的整齊劃一的考核條例，或許他們在業務上已經不是非常出色，在考核時名次並不在我們前面，但我們沒有任何理由任何資格來取笑他們，我們有很多人或許覺得自己年輕就是有資本，這不得不讓前輩們感到心涼。

不管怎麼樣，只要比我們年齡大的我們首先要做的就是尊重他們。前輩經常說：「我走過的橋比你走過的路還多。」當然，這句話也涵蓋了很多意思，其實說這句話的老人，我們更應該敬重才是，有人可能說他們是倚老賣老，其實，

只要我們給予「前輩」充分的尊重，相信每一位前輩都會極力把自己的看家本領傳授給我們的，到那時，我們更是青出於藍勝於藍，團隊能不進步嗎？企業能不強大嗎？

用真誠去打動他人

要用一顆誠心去善待我們身邊所有人，廣結善緣，並不是投資心理，也不是我今天對你好，你以後就要對我怎麼樣的心態，而是不需要他人回報的真誠。

真誠是感染他人而不是等價的交換，真誠是觸及心靈的感動。真誠有時候也會讓我們自己的情感和利益受損，因為我們是在毫無戒備的情況下去與人為善的。

我們要以平常的心態去看待事物，真誠也許今天讓我們吃虧上當了，虛偽也許會讓我們占到便宜，但是從長遠發展的眼光來看，用今天的吃虧上當換取明天的輝煌和事業的顛峰，比鼠目寸光要強百倍。

這個社會也是很複雜的，生活有的時候像鏡子，你對它笑它就對你笑，但有的時候也會變臉，會變得讓你措手不及，淚流滿面。不要期待付出就有回報，

更不要期待善有善報。不要因為別人傷害了我們，就否認這個世界美好的一面，這只是生活在給予我們閱歷和經驗，而不是讓我們也要變得和當初來傷害你的人一樣，也不要因此抵觸大環境，而是更加要用我們的真誠來面對社會各方面。

成為一個真誠的人，我們會感到很輕鬆，而那些虛偽勢利的小人，他們往往都是很疲憊不堪的。以怨報德、以惡報善最為我們這個社會所唾棄，這樣的人一旦醜惡的嘴臉被旁人發現，誰還會去理睬和幫助他？將心比心才是美德，更是一個人的良好素質和心態的綜合表現。

這樣的人光明磊落做事大方，一身的陽光一身的乾脆，這樣的人會給他人安全感，會讓人放心地跟他交往甚至是深交。我們可以繼續地輕鬆下去，放鬆自己而不是給自己太多的包袱，輕鬆下去我們會不斷的讓美好愉悅的氣氛所包圍著；疲憊下去，我們將會不斷被沮喪的情緒所籠罩。

與同事相處，應當真誠，當他需要你的意見時，你不要一味捧他、順應他；當他遇上工作上的疑難雜症時，你要盡心盡力予以援助，而不是冷眼旁觀，甚至落井下石；當他無意中冒犯了你，又忘記跟你說對不起時，你要抱著「大人不記小人過」的心態原諒他；他有求於你時，也應毫不猶豫地幫助他！

同事之間的微妙關係

也許，你會問：「為什麼我要對他這麼好？」答案很簡單，因為他是你的同事，你每天有三分之一的時間跟他在一起，你能否從工作中獲得快樂與滿足？能否投入工作，敬業樂業？同事們都扮演一個很重要的角色。試想：當你在辦公室裡，發覺人人對你視若無睹，沒有人願意跟你講話，也沒有人願意向你傾吐工作中的苦與樂時，你還會樂在工作嗎？

如果你覺得與同事相處很困難，請仔細閱讀以下意見，相信你能從中獲得所需要的啟示：當對方有意無意表示自己有多能幹，怎樣獲得上司的信任時，切勿嫉妒他，你應該誠心誠意欣賞對方的長處；當大家趁著上司不在時，聚在一起聊天的時候，你應該暫時放下工作，去跟他們開些無傷大雅的玩笑，讓同事感覺你是他們的一份子；不要隨便把同事告訴你的話告訴你的上司。

辦公室，其實就是社會的縮影。在這個小社會裡，人與人之間的關係，可以很複雜，也可以很單純，這完全要看你如何表現自己。

一般人似乎很容易把注意力集中於與上司相處的技巧上，對於那些職位比自己低的同事，如對總機、接待員等，動不動就表現出不耐煩的表情，甚至肆意責罵，把自己心中的悶氣全然發洩在對方身上，根本就沒有考慮到對方的感受。

上述種種，你是否曾經犯過，或曾身受其害？很清楚被人隨意指使，無理取鬧所受的委屈。

一個在辦公室裡如魚得水，威風八面的人，應該懂得人人平等的道理，就算自己的職位比別人高，也不應該狂妄與驕傲，需知風水輪流轉，尊重別人，就是尊重自己。

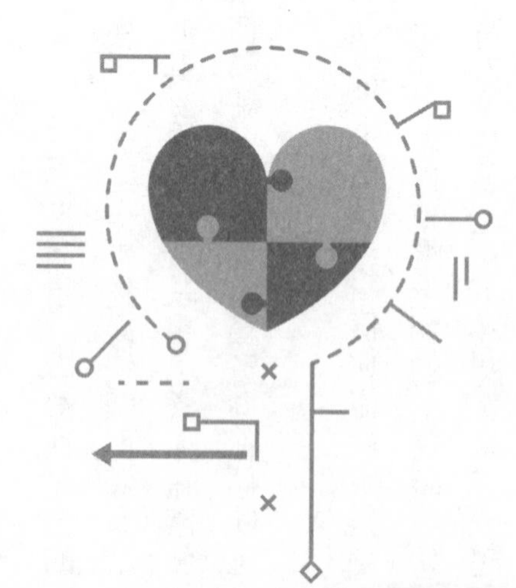

閒談莫論是非

《伊索寓言》裡講過這樣一個故事：

有一天，作為國王的獅子老了，病倒在山洞裡。除了狐狸外，森林裡所有的動物都來探望過牠們的國王。狼因為對狐狸有所不滿，就利用探病的機會在獅子面前詆毀狐狸。

狼說：「大王，您是百獸之王，大家都很尊敬、愛戴您！可是，您現在生病了，狐狸偏偏不來探望您，牠一定是對大王心懷不滿，所以才會這樣怠慢您啊！……」

正說著，恰好狐狸趕來了，聽見了狼說的最後幾句話。一看見狐狸走進來，獅子就氣憤地對著牠大聲怒吼起來，並說要給狐狸最嚴厲的懲罰。

狐狸請求獅子給自己一個解釋的機會。牠說：「到您這裡來的動物，表面

上看起來很關心您，可是，牠們當中有誰像我這樣為您不辭勞苦地四處奔走，尋找醫生，問治病的方子？」

獅子一聽，便命令狐狸立刻把方子說出來。狐狸說：「只要把一隻狼活剝了，趁熱將牠的皮披到您身上，大王的病很快就會好了！」

頃刻之間，剛才還在獅子面前活靈活現地說狐狸壞話的狼，就變成了一具死屍，躺在地上了。狐狸笑著說：「你選擇了背後挑起主人的惡意，而不是引導主人發善心。」

在工作中的確存在這樣一種人，他們說話做事，人前一個樣，人後又是一個樣。這樣的人在別人面前有時甜言蜜語，而背後卻很可能說你的壞話，給你造成不利的人際關係，嚴重破壞了同事之間的團結。喜歡在背後議論別人的人，通常是一個愛挑撥離間的人。

喬凱和約翰是同事。約翰在公司人緣極好，他不僅技能精湛，而且總是笑臉迎人，和同事和諧相處，樂於助人，所以同事給了他很高的評價。

一天晚上，喬凱因為有事要找經理，到了經理門口時，卻停住了，因為他聽到裡面正在說話，並且依稀有約翰的聲音，他聽到約翰正在向經理說同事的

不是，平時很多不起眼的小事被約翰添油加醋地說著，並且還說到自己的壞話，藉機抬高他本人，喬凱不由地一陣厭惡。

從此以後，喬凱對於約翰的一舉一動，每一個表情，每一句話都充滿了厭惡和排斥感，他無論表現得多好，說任何好聽的話，喬凱都對他存有戒心。而經理對約翰的態度也發生了變化，他對約翰很冷淡，因為他也有一雙眼睛，他發現有些事並非像約翰所說的那樣嚴重，他覺得約翰的人品有問題，因而在內心裡已生厭惡之感。可見，正直的上司並非都喜歡下屬向他打小報告，背後論人是非的人，往往失掉人心。

在背後議論人，打小報告，從來不說被議論人的優點，總是拿著他的缺點大做文章，這是什麼樣的心理？自私還是嫉妒或是其他的什麼？無論是哪一種心理，在很多時候，有一個共同點是可以肯定的，那就是不希望對方比自己好，想盡辦法要把對方壓下去。

我們反對當面不說，背後亂講，不是因為「隔牆有耳」，你說的時候就被誰聽到了；也不是因為你跟別人說了，說不定那人又跟別人說了；而關鍵是在別人背後說人家的閒話這本身就是不道德的行為。所以，有這種毛病切記要改掉。

俗話說：「紙包不住火。」若要人不知，除非己莫為，說別人的壞話，遲早都會傳到別人的耳朵裡面去，結果必將引來仇恨和報復。當你多說別人的好話時，不管是當面說的，還是背後說的，最後也都會傳到別人那裡去。而且，在背後多說人好話，比當面直接說的效果往往更好。這些好話也必將使你大大獲益。

古人指出：「見得天下皆是壞人，不如見得天下皆是好人，有一番薰陶玉成之心，使人樂於為善。」意思是與其把天下之人都看成是壞人，不如把天下之人盡看成是好人。這樣做的好處，是以自己的真善美之心來薰陶別人，幫助他人也樂於形成向善的思想。

這句名言說了一個很簡單的道理，那就是人的心境完全取決於人的思想觀念，當你看天下所有人都是壞人，都對你有不良企圖的時候，你的心情一定好不了，甚至都要問問自己的神經還是否正常，整天疑神疑鬼，簡直是非人過的日子。但是，當你認為天下人都是好人，都會給你關心、給你幫助時，你的心情一定很開朗，感覺每一天都是陽光燦爛的日子。所以，別在別人背後說壞話。

收斂你的好奇心

每個人都有自己的隱私，關於自己的隱私每個人都不願意讓人知道或傳播。真正聰明的人，是懂得不要對別人的隱私抱有好奇心的，要知道有些事只能點到為止，這樣，才能給自己也給他人留下一個自由呼吸的空間。

小雪、家琪和晨芳及其他同事在同一個辦公室共事，小雪和家琪業務能力較強，公司正準備從這些人中提拔一位作為辦公室主任接替即將退休的老主任，其中小雪和家琪比較有希望，而小雪與上層上司關係不錯，家琪是老主任的紅人，上司已經漏出口風，計畫由小雪接任。此時卻發生了一件意想不到的事情，傳出小雪好像存在男女關係問題，此事是由晨芳口中得知。事情的結果，是家琪接了辦公室主任的位置，由於上層上司對晨芳不滿意，因而將其調到一個福利較差的部門去工作了。

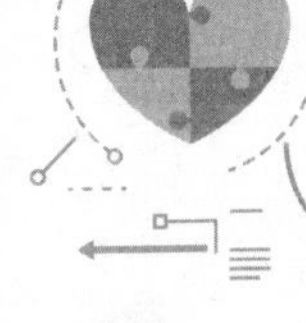

晨芳傳播了同事的隱私，而被能力強的人抓住該同事把柄，做掉了自己前途上的攔路虎。而晨芳並沒有因此得到好處，反而受到同事們的戒備和上司的批評。

人人都有好奇心，對於一旦獲悉的祕密，是很難忘記的。用巧妙的方法處理這樣的事情，才能使自己免於禍患。如果是在偶然的機會獲得祕密，裝作不知道這件事情，不要使事主懷疑到你的頭上。要盡量避免加入談論他人隱私的行列，不要凡事都愛湊熱鬧。要是沒有酒量的人更要注意，避免酒後失言。

一天，有個長舌的老婦人來到教堂，向牧師懺悔，說她說過許多人的閒話，她不知道還有沒有辦法可以彌補。

牧師並沒有對她說教，只是給她一個枕頭，要她到教堂的鐘樓上，把枕頭裡的羽毛撒到空中去。她照著做了。

牧師說：「好吧，現在把每一根羽毛再收集起來，放回枕頭裡去。」

這位老婦人為難地說：「牧師，那是辦不到的！」

牧師很嚴正地說：「追回撒到空中的羽毛如此之難，要追回所說的每一個閒話，那就更難辦到了！」

或許在偶然間，你獲知了同事的隱私，此時千萬不可得意，因為在無形之中你已經增加了一份擔子，擔了一份責任。無論是有意的還是無心的，同事的隱私一旦從你之口暴露，不僅會使同事難堪，而且會使你的信譽大打折扣。

其實，把握好同事間和平、互助、把握關係的距離，以寬容、平和的心對待別人的隱私，實際上是在為自己減少惹來不必要危險與煩惱的機會。真正八面玲瓏的職場人，是懂得「不要對別人的隱私抱有好奇心」這一個道理的，有些事只能點到為止。給自己同時也給他人留下一片自由呼吸的空間，這樣不是很好嗎？

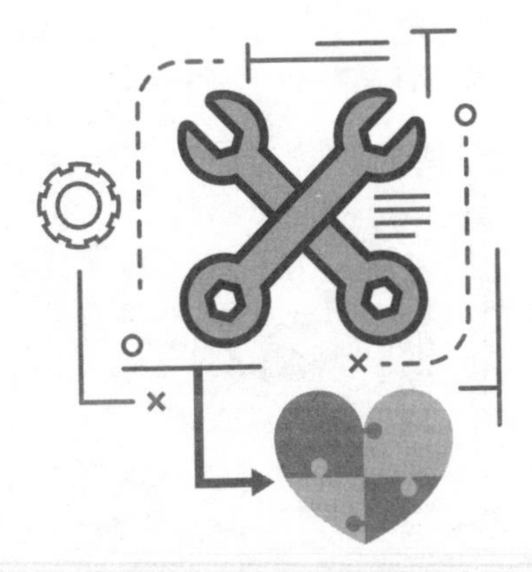

開玩笑要有限度

心理學規則顯示：玩笑可以調節緊張的氣氛，融洽人與人之間的關係。很多人喜歡用開玩笑的方式調節交際氣氛。身在職場，職場的壓力帶來焦慮、心悸、失眠等「上班綜合症」，同事之間相互調侃、開開玩笑，也許是放鬆自己、改善同事關係的一劑良藥，但是在辦公室這個無風還起三尺浪的地方，開玩笑可不是鬧著玩的事，弄不好玩笑成了「完笑」。一個調查結果顯示辦公室玩笑是人際關係的潤滑劑，也是惹禍上身的導火線，開不開還得要因人而異，因境而異。可見玩笑雖好，還需拿捏適當。適當的玩笑是死氣沉沉的辦公室空間的一種調劑。一天到晚比老婆、老公相處的時間還長的同事之間，難免有各種小誤解產生，在扎實的專業能力外，相得益彰，機智幽默的玩笑的確能化干戈為玉帛。溝通是多方面的，只在有事的情況下才有交流未免有些尷尬，而且輕鬆的環境也有

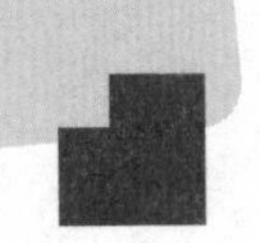

利於提高工作效率。

你無論日後是想仕途得意平步青雲，還是默默無聞地過太平日子，都有必要在辦公室這個無風還起三尺浪的地方注意開玩笑的藝術，哪怕是最輕鬆的玩笑話，都要注意掌握分寸。當然也不是要你死氣沉沉，三緘其口。如果能把握開玩笑的尺度，你還是可以揮灑自如地開玩笑的。

1、不要開上司的玩笑

你一定要記住這句話：上司永遠是上司，不要期望在工作崗位上能和他成為朋友。即便你們以前是同學或是好朋友，也不要自恃過去的交情與上司開玩笑，特別是在有別人在場的情況下，更應格外注意。

3、不要以同事的缺點或不足作為開玩笑的目標

金無足赤，人無完人。你以為你很熟悉對方，就隨意取笑對方的缺點，這些玩笑話容易被對方覺得你是在冷嘲熱諷，倘若對方又是個比較敏感的人，你會因一句無心的話而觸怒他，以致毀了兩個人之間的友誼，或使同事關係變得緊張。你要切記，這種玩笑話一說出去，是無法收回的，也無法鄭重地解釋。到那個時候，再後悔就來不及了。

4、不要和異性同事開過分的玩笑

有時候，在辦公室開個玩笑可以調節緊張工作的氣氛，異性之間玩笑亦能讓人縮短距離。但切記異性之間開玩笑不可過分，尤其是不能在異性面前說黃色笑話，這會降低自己的人格，也會讓異性認為不正經。

5、莫板著臉開玩笑

到了幽默的最高境界，往往是幽默大師自己不笑，卻能把你逗得前仰後合。然而在生活中我們都不是幽默大師，很難做到這一點，那你就不要板著面孔和人家開玩笑，免得引起不必要的誤會。

和同事開玩笑要掌握尺度，這樣時間久了，在同事面前就顯得不夠莊重；在上司面前，你會顯得不夠成熟，上司也不信任你，無法對你委以重任。

6、不要以為捉弄人也是開玩笑

捉弄別人是對別人的不尊重，會讓人認為你是惡意的，事後也很難解釋。它絕不在開玩笑的範疇內，不可以隨意亂做。輕者會傷及你和同事之間的感情，重者會危及你的飯碗。記住「群處守口」這句話，不要禍從口出，否則後悔都來不及！玩笑雖然是職場的潤滑劑，但是不可太油腔滑調，要不然很容易「摔跤」。

POINT

第三章 記住，你是團隊中的一員

如今的時代，早已不是單槍匹馬成功的英雄時代，要想高效地完成任務，就必須學會合作。因此，時刻記住，你是團隊中的一員，你不能離開團隊。

達成心理共識

一個完整的團隊，他們的目標是多層次的，在結構上，最高的目標是團隊的社會責任。其次，是部門目標或分組團隊的目標，最後是個人的目標。一個組織的目標體系是環環相扣的，管理者要有意識地讓這些目標相互形成關聯，讓團隊對目標形成共識。

在組織的運作上，必須先滿足成員的個人目標，或是在實現團隊目標時同時達成個人目標，才會使組織目標真正成為對成員有意義的目標。因此學習如何設定目標、有效達成目標，讓團隊與個人雙贏，是團隊管理者的重大挑戰。

雅芳公司現在已經是世界知名的企業，它設立的原始目標，卻是找出一種可以沿街叫賣的新產品，而且產品應當是很快用完且需要再購買的。幾經思量後選定香水為推銷的產品。隨後順應顧客的需求又陸續開發出洗髮精、面霜、藥膏

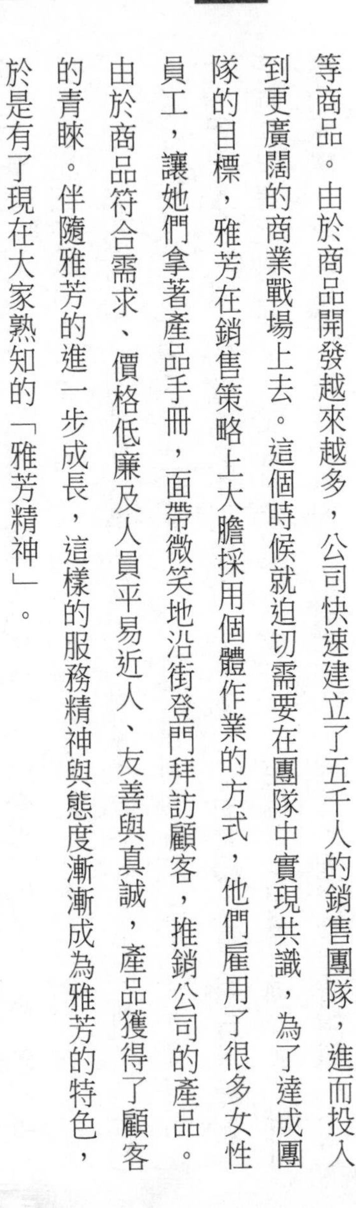

等商品。由於商品開發越來越多，公司快速建立了五千人的銷售團隊，進而投入到更廣闊的商業戰場上去。這個時候就迫切需要在團隊中實現共識，為了達成團隊的目標，雅芳在銷售策略上大膽採用個體作業的方式，他們雇用了很多女性員工，讓她們拿著產品手冊，面帶微笑地沿街登門拜訪顧客，推銷公司的產品。由於商品符合需求、價格低廉及人員平易近人、友善與真誠，產品獲得了顧客的青睞。伴隨雅芳的進一步成長，這樣的服務精神與態度漸漸成為雅芳的特色，於是有了現在大家熟知的「雅芳精神」。

雅芳結合個人目標與組織目標的直接推銷方式，讓成員樂於發揮自己最大的潛力，盡心盡力為達成目標而努力，並且可以獲得工作上的成就。一般情況下，大多數管理者在進行團隊建設時，可能覺得為團隊確定目標還是相對比較容易的，但要將團隊目標灌輸於團隊成員，並取得共識——責任共擔，可能就不是那麼容易的事情了。

所謂責任共擔的團隊，目標並不是要團隊每個成員都完全同意目標——這是很難做到的；而是儘管團隊成員存在不同觀點，但為了追求團隊的共同目標，各個成員求同存異並對團隊目標有深刻的一致性理解。對團隊徹底了解就是向團

隊成員諮詢對團隊整體目標的意見，這非常重要，一方面可以讓成員參與進來，使他們覺得這是自己的目標，而不是別人的；另一方面可以獲取成員對目標的認識，即團隊目標能為組織做出別人無法做的貢獻，團隊成員在未來，重點應在關注什麼事情，團隊成員能夠從團隊中得到什麼，以及團隊成員個人的特長，是否在團隊目標達成過程中得到有利發揮等，透過這些廣泛地獲取成員對團隊目標的相關資訊。

另外，在對團隊進行資料整合時，不要馬上就確定團隊目標，應就成員提出的各種觀點進行思考，留下一個空間，給團隊和自己一個機會，回頭考慮這些提出的觀點，以緩解匆忙決定帶來的不利影響；正如管理名言——做正確的事永遠勝於正確的做事！

樹立團隊目標，同其他目標一樣也需要滿足ＳＭＡＲＴ原則：具體的（Specific）、可以衡量的（Measurable）、可以達到的（Attainable）、具有相關性（Relevant）、具有明確的截止期限（Time-based）。與團隊成員討論目標表述，是將其作為一個起點，以成員的參與而形成最終的定稿，以使獲得團隊成員對目標的承諾。雖然很難，但這一步卻是不能省略的，因此，團隊管理者應運用一定的方法和技巧。例如「腦力激盪法」：確保成員的所有觀點都講出來；找出不同意見的共同之處；辯識出隱藏在爭議背後的合理性建議；進而達成團隊目標共用的雙贏局面。透過對團隊的了解和討論，修改團隊目標表述內容，以反應團隊的目標責任感；雖然，很難讓百分百的成員都同意目標表述的內容，但求同存異地形成一個成員認可的、可接受的目標是重要的，這樣才能獲得成員對團隊目標的真實承諾。

最後，由於團隊在運行過程中難免會遇到一些障礙，例如：組織大環境對團隊運行缺乏信任、成員對團隊目標缺乏足夠的信心等。在決定團隊目標之後，盡可能地對團隊目標進行階段性的分解，樹立里程碑式的目標，使團隊每前進一步都能給組織以及成員帶來驚喜，進而增強團隊成員的成就感，為一步一步完成整體性團隊目標奠定堅定踏實的信心基礎。

馬斯洛指出：「對傑出團隊的觀察研究顯示，它們最顯著的特徵是具有共同願景與目的。」有共識的團隊目標，才可以發揮出團員內在的潛能，促進團隊的溝通，它以人為本，尊重個人，激發每個人自動自發的工作意願。善用它將是成功的保證。

不要當獨行俠

小猴和小鹿結伴出玩，散步到河邊，忽然小猴發現河對岸有一棵結滿果實的桃樹。

小猴說：「我先看到桃樹的，桃子應該歸我。」說著就要過河，但小猴個子矮，走到河中間，就被水沖到下游的礁石上去了。

小鹿說：「是我先看到的，應該歸我。」說著就過河去了。小鹿到了桃樹下，不會爬樹，怎麼也搆不到桃子，只好回來了。

這時身邊的柳樹對小鹿和小猴說：「你們要改掉自私的壞毛病，團結起來才能吃到桃子。」

於是，小鹿幫助小猴過了河，來到桃樹下。小猴爬上桃樹，摘了許多桃子，自己一半，分給小鹿一半。

最後的結果自然皆大歡喜，牠們倆吃得飽飽的，高高興興地回家了。故事中的小猴與小鹿，就其個體而言，儘管都有自己的特長，但如果單槍匹馬是摘不到桃子的。然而，一旦牠們組成了一個相互合作的團隊後，就出現了截長補短的奇蹟——吃到了桃子。

尺有所短，寸有所長。在一個團體裡，做好一項工作，佔主導地位的往往不是一個人的能力，關鍵是各成員間的團隊合作。團結大家就是提升自己，因為別人會心甘情願地教會你很多有用的東西。每一個人的能力都是有限的，不可能獨自承擔一個專案，特別是在程式化、標準化強烈的行業裡，每個人只能完成一部分的工作，團隊合作在很大程度上，關係著企業發展的命脈。無法想像，一個只會自己工作，平時獨來獨往的人能給企業帶來什麼。

在與同事之間的關係處理上，是處處與人爭，還是合作互助？實際上這不單是人際關係，而是道德修養問題。同事之間關係和睦融洽，辦公室氛圍健康向上，對你個人來說，這是莫大的好事，但同時對公司的運轉和創益也會產生良性影響。諾貝爾經濟學獎獲得者萊因哈特・賽爾頓教授，有一個著名的「賽局理論」。假設有一場比賽，參與者可以選擇與對手是合作還是競爭。如果採取合作

策略，可以像鴿子一樣瓜分戰利品，那麼對手之間浪費時間和精力的爭鬥便不存在了；反之，如果採取競爭策略，像老鷹一樣互相爭鬥，那麼勝利者往往只有一個，而且即使是獲得勝利，也要被啄掉不少羽毛。現代社會中的現代企業文化，追求的是團隊合作精神。所以，不論對個人還是對公司，單純的競爭只能導致關係惡化，使成長停滯；只有互相合作，才能真正做到雙贏。

一個人要獲得成功，就必須學會與別人一起工作，並得到別人的協助，如果一個企業朝著明確的目標前進，他需要一支有效的隊伍作為後盾。團體工作意味著，人與人之間有時會發生衝突，但他們不應該把衝突延續下去，以至於發生到無法共事的地步。合作應該從自身做起，在這方面最好的建議也許是：首先要保證自己個性的良好平衡，避免走向極端。在執行團體工作中爭取主動在與自己共事的工作人員中，尋找積極的而不消極的品質，對別人表示寄予最大的期望，保持足夠的謙虛，在別人有行為理應受到尊敬時向別人誠摯地致以敬意。

我們還需要注意到：一個人在成功之前，必須得到別人的幫助，否則無法合作，鋒利的語言，冷漠地對待他人的權利和感情，有意無意的怪癖——這些，都將會使此人無法得到別人的尊敬。此外，合作不是靠命令來維護完成任務，如

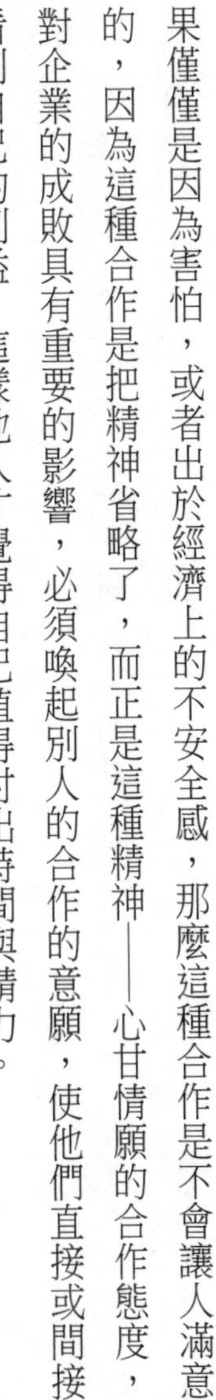

果僅僅是因為害怕，或者出於經濟上的不安全感，那麼這種合作是不會讓人滿意的，因為這種合作是把精神省略了，而正是這種精神——心甘情願的合作態度，對企業的成敗具有重要的影響，必須喚起別人的合作的意願，使他們直接或間接看到自己的利益，這樣他人才覺得自己值得付出時間與精力。

他所做的事，對他的人生非常重要。得到最佳合作的關鍵，是給予人們與他們的才能相稱的任務，有意義的工作。並且承認與肯定他們邁出的每一步，這就強調了這一事實，要不斷的得到合作，就必須讓人們做有意義的事情。戰鬥去吧，但是切勿一個人。

與團隊成員一起分享

作為花園裡最美麗的花兒之一，紅玫瑰是很驕傲的。人們只是站在遠處欣賞它而從不靠近，因為在它旁邊一直蹲著一隻又大又醜的青蛙。紅玫瑰非常生氣，命令青蛙立即從它身邊走開。青蛙一言不發，順從地離開了。

沒過多久，一個偶然的機會，青蛙再次經過了紅玫瑰身邊，卻驚訝地發現它已經凋謝，葉子和花瓣都掉光了。

青蛙說：「你看起來很不好，發生了什麼事情？」

紅玫瑰答道：「自從你走後，蟲子每天都在啃食我，我再也無法恢復往日的美麗了。」

青蛙說：「這是因為我在這裡的時候幫你把牠們都吃掉，所以你才能成為花園裡最漂亮的花。」

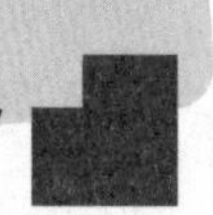

：：第三章：：

記住，你是團隊中的一員

這個故事告訴了我們什麼？我們當中許多人都自命清高，總認為別人對自己一點用都沒有。其實，我們每個人都有需要他人的地方。一個團隊，成員不應該只注意個人名下的輝煌業績，而是要看到在其背後的團隊支持。在團隊中，要注意培養與同事之間的感情，多跟同事分享對工作的看法，多聽取和接受他人的意見，多參與同事間的活動，體貼關心別人，不要自恃高雅成為孤家寡人，要跟每一位同事都保持友好的關係。在組織中，如果你自己被孤立起來，那將是件很危險的事。

在一個公司裡，有一個能力比較強的員工。有一次，在面對客戶的談判中表現突出，為公司創造了高度利益，因此受到了經理的讚揚。這次談判使他更加認識了自己的價值，經理的讚賞使他覺得自己非同一般。在日常工作中，他開始不和其他同事交往、溝通，一副自恃甚高、目中無人的樣子，在公司裡獨來獨往。這位員工的態度使得同事們漸漸疏離了他，都不願意與他合作。於是，他成了被孤立的人，在許多事情上都陷入了極其尷尬的境地。在一次辦理業務中，由於他判斷失誤給公司造成了不小的損失。隨之而來的是同事的譏笑、經理的惱怒，這使得他無法再繼續待下去，想想自己最近的作為，他便自行辭職離開了公司。

榮譽是優秀的象徵，當你得到成績，擁有榮譽時，更應該戒驕戒躁，保持清醒的頭腦，才能與同事相互支持、幫助，以鞏固已得的一切，因為人不可能孤立地存在於這個世界上。誰都喜歡晉級，誰都喜歡加薪。當管理者晉級加薪之時，別忘了為你打下江山的員工們，應設法讓他們也有晉升的機會，或得到一些獎勵、保薦他們到更好的職位上，這才是對員工最大的關心。正所謂，「己所欲，施於人。」、「一人得道，雞犬升天」，當你加官晉爵時，同時也把你的成果與周圍的員工分享，可以想像一下，這樣的部門也必然是上下一心，齊心協力，動力十足，自然也就充滿活力，效益不斷提升。

某公司公關部主管陳先生，由於近日在與日商談判中，大大折煞了日本人的威風，壓低了所要的價格，使公司節省了幾百萬元，也為公司揚眉吐氣，大長了志氣。因此總經理決定為陳先生加薪一級，同時將提高百分之十的薪水。陳先生獲得加薪，自然沒忘和自己一起奮戰，晝夜商討談判方案的員工們，於是陳先生慷慨解囊，宴請諸位員工，隨後又請他們週末一起去度假。這樣一來，陳先生不僅得到上司賞識，又倍受員工愛戴。其實宴請費用不多，卻贏得了員工一片忠心，獲得了同事們的認可，今後他們必然會更賣力工作，那麼離下次再加薪晉級還會遠嗎？這就說明，讓手下的員工分享你的成果，是對他們最大的激勵，也是自己再創佳績的基礎。

因此，在我們平時的職場生涯中一定要樹立「大家好，才是真的好的信念」並且要儘量做到下列兩點：

1、當上司表揚時

此時，別忘了舉薦手下員工當中的有功之臣，在上司面前讚揚他們。一句發自內心的稱讚，不僅讓上司感覺到本公司人才輩出，也會認為你不居功自傲，懂得體貼員工，無形中，對你的印象又加了不少分數，以後對你也會更加關注。同時，你的同事或下屬認為你待他們恩重如山，日後必定會更盡心盡力。

2、在同事面前

一定要謹慎謙虛，不可張揚。如過一有成績就居功自傲，必然會被同事討厭，也會使得有些職員心生嫉妒，不願再為你拼命效力。分享，是對員工最大的激勵，一定要牢記此訓，把成果與員工共用，爭取更好的業績。

其實，不要獨享榮耀，說穿了就是不要威脅到別人的生存空間，因為你的榮耀會讓別人變得暗淡，產生不安全感，而你表達出感謝、與同事分享成果以及

謙卑的性格正好讓旁人吃下了一顆定心丸，人性就這麼奇妙。作為一位有長遠眼光的職場達人，擁有分享心理是非常重要的。分享是美德，是對同伴的激勵，你是團隊凝聚力裡最有力的粘著劑，學會分享，你將擁有更加璀璨的前途。

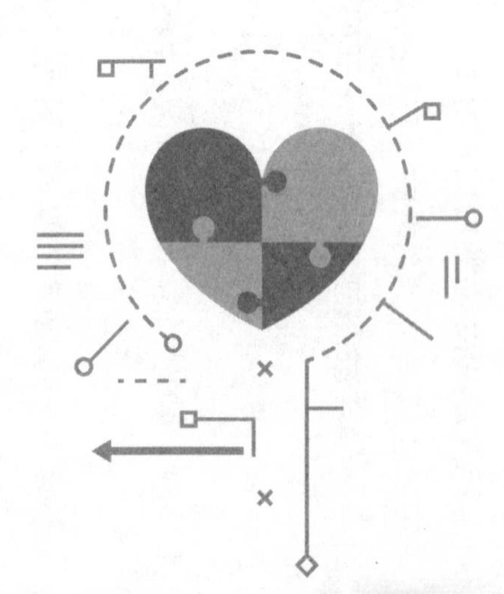

要以團隊目標為重

建立高績效團隊，首要的任務就是確立目標，目標是團隊存在的理由，也是團隊運作的核心動力。目標是團隊決策的前提，團隊是一個動態的過程，管理者需要隨時進行決策，沒有目標的團隊，只會走一步算一步，處於投機和僥倖的不確定狀態中，風險係數增大，就像汪洋中的一條船，不僅會迷失方向，難免也會觸礁。目標，是發展團隊合作的一面旗幟。團隊目標的實現，關係到全體成員的利益，自然也是鼓舞大火鬥志、協調大家行動的關鍵因素。

首先，目標來自於團隊的遠景，人因夢想而偉大，團隊亦然。願景，是勾勒團隊未來的一幅藍圖，是明日的美夢與機會。它告訴團隊「將來會怎麼樣」。具有挑戰性的願景可能永遠也無法實現，但它會激起團隊成員勇往直前的鬥志。再重要的任務，也只能維繫團隊數日、數月的合作，而願景則能持續不斷。好的

願景能振奮人心、啟發智慧。但如果沒有目標配合完成，願景也只是一堆空話。目標是根據願景制定的行動綱領，也是達成願景的手段。所以，身為一團隊的成員，從長遠來講，要時刻牢記團隊的願景，為了團隊的美好未來而努力工作；對於眼下，則要始終把團隊的目標當作重點，讓團隊在實現目標的過程中，去實現團隊，同時也實現團隊成員的自我實現。我們應時時刻刻把團隊的目標視為重點，但這並不是說我們不能發揮自己的主觀，我們應該時刻關注組織的發展趨勢，瞭解行業的最新動態，並且思考組織在未來的發展趨勢中需要什麼技術或才能，以便及早準備，使個人價值在持續挑戰中隨著組織的發展不斷提高。也就是說，你要積極設法推進組織整體的目標，成為組織最需要的人才。

當有名的艾德博士還是柯達公司的研發工程師的時候，他一直想要改良家裡的家庭攝影機，以便在室內拍攝時不需要用到強力的照明燈。以前，如果想把寶貝兒子的生日派對錄下來，不僅要裝設攝影機，還要辛苦地架起照明燈，既費力又勞神，而且熾熱的燈泡也常讓周遭的人覺得受不了。

艾德博士有一個想法，他要設計出在室內燈光下，就可以拍攝的攝影機和感光靈敏的影片膠捲，他稱之為『隨取燈源式家庭攝影機』。不幸的是，主管不相信艾德的構想能成功，所以這計畫從未被認可。

有一天，機會悄悄地來了，董事長約拿博士視察研發部門。他走到艾德身邊問道：「做得如何？」當時艾德手上正負責一項放映機計畫。

「真高興你問了我，我對家庭攝影機有些新構想。」艾德說，此話引起約拿博士的興趣，他希望知道艾德更多的想法。

所以，艾德繼續談論他關於『隨取燈源式家庭攝影機』的構想，分析市場的特性，以及為何此計畫能符合公司長期策略。這番話給約拿博士留下了印象的深刻，他在時間倉促的情況下把重點記錄了下來。

令人沒有想到的是，短短的數星期後，這項計畫竟然成形了。公司內各環節悄悄地打通，這項『隨取燈源式家庭攝影機』竟成了研發部門的第一優先計畫。艾德的創新構想在市場上大獲成功，一直到攝錄放影機（V8）這項新科技出現前，『隨取燈源式家庭攝影機』一直作為該公司最重要、也是利潤最高的產品出現在銷售名單中。

艾德之所以成功，不僅在於他的好構想，而是他也想到如何讓計畫符合公司的整體目標。他下過功夫，當機會來臨時，就能立即向董事長報告他的構想。

在有些公司，一項工程佈置下來，大家明明知道無法完成，但都心照不宣不告訴老闆。因為反正也做不完，大家索性也不努力去做事，卻花更多的時間去算計怎麼把這項工作的失敗怪罪到別人身上去。正是這些人和這樣的工作作風，會把公司拖垮。團隊精神，是團隊成員為了團隊的利益和目標而盡心盡力、相互合作的表現，是將個體利益與整體利益相結合，是高績效團隊中的靈魂，是成功團隊身上難以磨滅的特質。如果每一個團隊隊員，都有將團隊的目標當作最重要的任務，這個團隊就會有凝聚力，在這樣的團隊中工作，會覺得心情比較舒暢，幹勁十足，大家的協調性強，就能夠創造出一些傲人的業績來。一個單位、一個部門要發展、要提升，就必須要有堅定的目標和願景，讓團隊的每一個成員都為之齊心奮鬥。

我們一旦進入了一個團隊，就要把團體的目標提升為首要情事，以主角的態度去關注它的可行性，它的進度，去考慮它能否以更優的方式實現，在團隊的大前提，下積極地發揮自己的可能性。只有這樣，這個團隊的人才能最終團結一致，齊心並進，才有可能讓團隊的目標或願景得以現實。

肯定你的團隊成員

不難發現，當工作中有人成功的時候，有人為別人的成功喝采歡呼，另一些人則表現出一副不屑的表情。真誠地肯定團隊中每個人的優點，為別人獲得的成績，得到的進步，取得的榮譽喝彩，這是一種胸襟、氣度。只有不斷開闊自己的胸襟，恢弘自己的氣度，才能不斷擁有成就事業的吸引力和凝聚力。聽到別人有了成績就不自在，看到別人有了進步就不痛快，這是心胸狹窄、氣度狹隘的表現。這樣的人很容易成為孤家寡人，不會有人願意與他合作、共事和創業的。

學會欣賞別人，是一種人格修養、氣質提升，有助於自己走向完美的前程。一個人總能在某一方面勝過別人，但在這一方面也總會有人比他強。所謂「一山還有一山高」，就是這個道理。每人都各有所長，隨時發現別人的進步，隨時為別人的成績而喝采，這對一個人的生存能力、合作能力、發展能力的提高，都具有重要的意義。讚美他人並不難，這要我們去發掘生活和工作周圍的人，想想他們的長處和優點，並且毫不吝嗇地稱讚他們，這將會在人與人之間形成良性互動，使我們的社會和工作環境更加溫馨可愛，而且個人的人際關係也能大大改善。

有一位總經理，很擅長用口頭的方式讚美他的同事。他的下屬當中，有一位公關部經理，做得非常優秀。有一天下班之前，他寫了一個小紙條放在公關部經理的桌子上，上面寫著：「你今天的工作表現非常地好，尤其是你今天的行為，非常地棒，我非常地感謝你。」

第二天早上，總經理的辦公桌上也有一張紙條，上面寫著：「我非常感謝你昨天給我的那樣一封信，你對我的支持，我感覺到渾身充滿了力量，我非常地感謝你，我會成為你最勇敢的戰士，並且一定跟你堅持奮鬥到底。」

總經理只不過是改換了一種方式而已，可是卻讓他的下屬感覺到了他對他的重視程度和感謝程度。

當你去忌妒別人，或當你開始為別人取得成就，而感到不舒服的時候，那是因為你的夢想和格局並沒有放大。如果你的夢想和格局放得很大的時候，你會

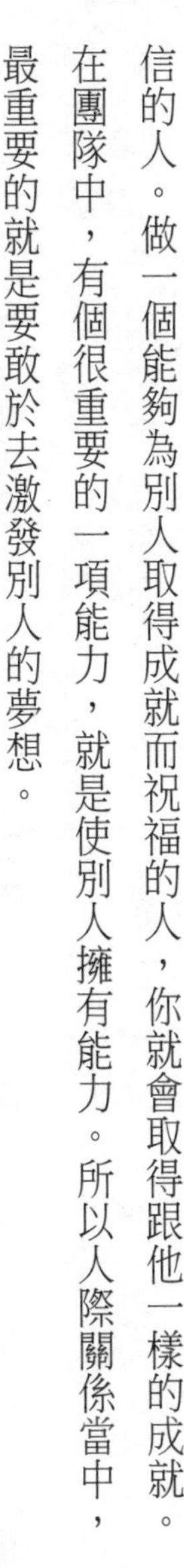

為別人取得的成就而感到高興，並且替他祝賀，因為你是一個對自己非常有自信的人。做一個能夠為別人取得成就而祝福的人，你就會取得跟他一樣的成就。在團隊中，有個很重要的一項能力，就是使別人擁有能力。所以人際關係當中，最重要的就是要敢於去激發別人的夢想。

當你激發了別人的夢想，別人透過你的激發和鼓勵，取得了成就的時候，他就會由衷地感謝你，所以你要有一種能力，就是激發別人的能力。每一個人，都期望別人給他十足的動力，每個人都希望別人幫他做出人生的決定，所以你要去激發別人，使他產生夢想，讓他擁有應該擁有的企圖心，使他擁有應該擁有的上進心，激發出他最想要的結果，這就是獲得成長的感覺。在團隊中，這種可能是跨越等級的，可以是管理者對下屬的，也可以是下屬對管理者的，當然也包括同事間的互相肯定。

管理者肯定下屬的成功，證明了自己的領導藝術。「強將手下無弱兵」雖然是俗語，也不無道理。下屬的成功，從某種意義上來講，也是管理者的成功。因為，個人是團體中的一員。個人的成功離不開集體的幫助；個人的成功離不開良好的外在環境。而良好團體的形成、良好外在環境的創造、良好工作氛圍的營造，都離不開管理者的努力。想想看，如果一個單位的管理者昏庸無能、賞罰不明、妒賢嫉能，這個單位必然會歪風盛行；必然沒有拼事業的理想環境，在這樣的環境中，人是很難取得成功的。領悟到了這一層，肯定下屬的成功也會是一種幸福。

下屬肯定管理者的成功，能使自己樹立信心。管理者的成功，固然有很多外在因素起作用，當然也包括下屬起的作用。但是毋庸置疑的，管理者個人的意志、智慧、才能也是成功的關鍵。能取得成功的管理者，可能是優秀的管理者，起碼是合格的管理者。在這樣的管理者下面工作，人會覺得有拼勁。領悟到了這一層，肯定管理者的成功也是一種幸福。

肯定同事的成功，能使自己樹立榜樣，找到前進的方向。同事的主、客觀條件和自己差不多。平時在一起工作、生活，也沒看出有多大能耐。人家取得了成功，說明成功並非可望而不可及的海市蜃樓。同事的成功，給自己提供了一個好的示範，給自己敲響了警鐘。自己從今往後，也得奮鬥，也得追求，也得成功。領悟到了這一層，肯定同事的成功也還是一種幸福。

不要扯團隊的後腿

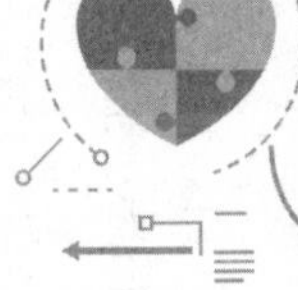

一九九七年，傑克·韋爾奇忽然向公司宣佈：「GE的經理們必須行動起來，接受六標準差，否則只有被解雇！」傑克·韋爾奇的決心與號召成功激勵了GE的員工，他們開始紛紛主動參與到六標準差的學習與實施中。然而，對創造力要求甚高的NBC，卻成了對六標準差唱反調最高的業務部門，傑克·韋爾奇任命了新的經理負責六標準差的實施。結果，僅僅在第一季，經由六標準差改進向供應商付款的手續，就為NBC節省了多達九百五十萬美元。

GE旗下的塑膠集團，所生產的LEXAN（曆新）聚碳酸脂樹脂具有非常高的純度標準，但還是無法滿足索尼公司的高密度光碟驅動器和音樂光碟的要求，只能眼睜睜看著業務被亞洲的供應商奪走。一個由「黑帶」（六標準差計畫的核心推動者被稱為「黑帶」）組成的小組，解決了這個問題，經由改進生產工藝，使品質水準從三八標準差提高到了近六標準差，滿足了索尼對顏色和靜電的要求，擊敗了競爭對手，重新贏得了索尼的業務。GE驚奇的發現，透過應用和推廣六標準差，工廠的生產力得以大大提高，以至於在十年內無須再在生產能力方面投資。GE醫療系統公司將六標準差方法應用在新產品設計上，成績卓越。一九九八年運用六標準差設計生產的GE「光速」新型CT掃描器，把原來的胸部掃描時間從三分鐘降到了十七秒，全身掃描時間從超過十分鐘下降到不到三十二秒，這將為拯救病人贏得了更多寶貴的時間！

透過應用和推行六標準差，GE成功了，GE員工成功了。但GE的成功並不是因為處於一個朝陽的產業，而是其能夠適時的應變，充分把握自己的命運，這是不僅僅GE渴望變革價值觀的勝利，更是GE人不願吊車尾的勝利！沒有一個公司需要墨守成規、不思進取、不敢改變的員工。改進自己的工作方法、創新自己的工作思路，是每個員工必須努力去做的事。我們要時刻地充電，去思考，不要讓自己拖累團隊的腳步。

要想成為最能為公司創造效益的員工，首先必須具有主動改變、主動創新、主動進取、主動改善的意識和能力。唯有改變和創新才能實現工作效率和工作品質。在這個以變革為主的時代，拒絕變革就意味著被淘汰，每一個員工必須把自己變成變革的提倡者而不是抗拒者，成為變革的推動者而不是阻撓者，才能成為一名合格的員工，獲得最終的勝利。

要想成為一名好的員工，就必須從以下一些方面努力，提高自己的變革精神：在工作中支持並推動公司新制度，和新措施在公司的有效執行，並能與其他員工溝通以支持推動變革，把變革和變化視為生活和工作的一部分；開放、不分彼此地接納新建議，並尋求有效的辦法實現建議；能夠進行創新的思維，打破思維的常規，挑戰現狀，追求卓越；認同企業所描繪的共同願景。

將繁雜的個人願景，整合為企業的共同願景，激發自身的積極性、主動性、創造性和追求卓越的本性，進而主動進行變革，跟上企業變革的步伐；團隊學習對企業與個人來說，都是雙贏的選擇，也是雙贏性的結果。企業透過整合其個體的學習，形成蓬勃發展的前進動力。未來成功的企業，必將是企業與員工共同學習、共同發展的學習型企業，只有這樣企業才能讓員工瞭解變革的必要性，同時員工也才能在思想上和行動上促使自己進行變革。

改變和創新，可以幫助所有人成就輝煌、晉升卓越。只要保持對創新的熱

衷，很快就能成為最受老闆青睞的人，好的機會也就會隨之而來。值得注意的是，創新應該要隨時隨地進行。很多人認為創新是一種「極端」的手段，只有在「極端」的情況出現時，才有必要使用。事實上，正是這種對創新的誤解，才使他們被貼上了因循守舊的標籤，並且註定了平庸的命運。創新不是什麼「極端」的手段，也不用非要等到情況不可收拾時再進行。創新就是尋找新的方法，來改進現有工作方式的不足和缺陷，所以應該是隨時隨地進行的。

每天早晨，我們下定決心，要求自己把工作做得更好，比昨天更進步。當下班離開辦公室、離開工廠或其他工作場所時，一切都應安排得比昨天更好。這樣做的人，在業務上一定會有驚人的成就。「今天我們應該在哪裡改進我們的工作？」如果你能在工作中把這句話當成自己的格言，它就會產生巨大的作用，當你能隨時隨地要求自己不斷改變，不斷進步，你的工作能力就會達到一般人難以趕上的高度。

人的身體之所以保持健康活潑，是因為人體的血液時刻在更新。同樣，作為公司的一名員工，只有不斷地從學習中吸收新思想，不斷地提升自己的思考能力，才能夠在工作中獲得不斷改進的方法。不斷改進如果成為習慣，將會受益無

窮。一名不斷改進的員工，他的魄力、能力、工作態度、負責精神都將會為他帶來巨大的收益。

一桶新鮮的水，如果放著不用，不久就會變臭；一個經營良好的公司，如果無法持續改進就會逐漸地衰退。每位員工在每天的工作之中，都要有所改變。這種自我超越式的創新精神，是每個人成就卓越的必要修煉。只有善於自我改變，自我超越的人，才會警覺到自己的無知及能力的不足，才能不斷地發展更完善自我，向成功的目標邁進。

員工要努力改進自己，不要讓自己拖累團隊的腳步，要努力成為團隊前進的動力。這是一個變革的時代，在整個世界都在變革的大環境之下，主動應變勝於被迫改變，這樣才能在競爭激烈的職場中立於不敗之地。

做一名學徒

日本有一位名叫南隱的禪師。有一天，一位當地的名人特地來向他問禪。名人喋喋不休，南隱則默默無語，只是以茶相待。他將茶水注入這位來賓的杯子，滿了也不停下來，而是繼續往裡面倒。

眼睜睜看著茶水不停地溢出杯外，名人著急地說：「已經滿出來了，不要再倒了！」

南隱說：「你就像這只杯子一樣，裡面裝滿了自己的看法和想法。如果你不先讓杯子空掉，你又如何聽得進我的說禪呢？」

這個故事還有另一個版本：「如果一個杯子有些渾濁，不管加多少純淨的水進去，仍然渾濁；但若是一個空杯，不論倒入多少清水，它始終清澈如一，學習也是如此。」空杯心態，就是隨時對自己擁有的知識和能力進行重整，清空過時的，為新知識、新能力的進入留下空間，並且確保自己的知識與能力總是最新；就是永遠不自滿，永遠在學習，永遠在進步，永遠保持身心的活力。在攀登者的心目中，下一座山峰，才是最有魅力的。攀越的過程，最讓人沉醉，因為這個過程，充滿了新奇和挑戰，空杯心態將使你的人生不斷漸入佳境。

事物的發展是經過否定後才實現的。事物的運動變化和發展是「外在否定」和「內在否定」共同促成的結果，是事物自我完善、自我發展的運動過程。客觀事物的複雜性，人們認識能力的有限性，決定了人類實踐只能是接近真理的過程。昨天正確的東西，今天不見得正確；上一次成功的路徑和方法，可能會成為這一次失敗的原因。不論組織還是個人，不犯錯誤都是美好的願望，犯錯誤才是客觀的現實。

在實際工作中，很多人一旦在一個崗位上工作了一段時間，就會覺得工作起來非常熟練，無須接受新的學習，總覺得一些方法、技巧學得差不多了，一些工具已經熟練應用，雖然也想著給自己充充電，但是因為有了老的知識——即「杯子中渾濁的水」，學習的時候總是下意識地感到不以為然，即使學了，在實際工作中也無法好好地運用，然後慢慢地變成了「吃老本」。殊不知，社會無時

無刻都在前進，周圍的環境都在不斷變化！我們只有走出過去的失敗經驗，打破自己的思維慣性和懶惰，克服自己自以為是的驕傲，全面接受新的知識和技能，才會與時代並行。

如果總是守著自己的半桶水，晃呀晃的，就會陷入孤芳自賞、敝帚自珍的封閉境界，漸而成為孤陋寡聞、不思進取的井底之蛙。保持空杯心態的唯一的方法，就是把杯子裡原來的水給倒掉。人的大腦就如同電腦一樣，你只有不斷刪除那些過時的知識和經驗，才能不斷接受新的東西。否則，你記憶體有限的大腦和心靈就會被一些無用的垃圾塞滿而當機。空杯心理，就是要打破自己的慣性。

醫生無數次地診斷同樣的病症，教師無數次地傳授同樣的知識，導遊無數次地講解同樣的地方，財務無數次地用同樣的管理軟體計算帳目……我們大多數人的工作，其實都有許多需要重複的地方，或者至少在工作方式上有所重複。俗話說熟能生巧，每天重複同樣的事情，工作效率自然是越來越高，可一旦成了習慣，如果不主動將自己變成空杯，就會忘記去尋找更先進的方式。

到了新的工作環境，或者換了新的工作崗位，也同樣需要空杯，這裡的空杯當然不是要求放棄原有的基礎，要是把以往的工作經驗統統倒掉，那眾多公司單位辛辛苦苦地挖掘有經驗的人幹嘛呢？這裡的空杯是一種心態，是帶著新人的謙遜去學習和理解新的學問。

此外，有著空杯心理，更教會我們如何正確地處理職場上的成功：世界球王比利在二十多年的足球生涯裡，參加過一千三百六十四場比賽，一共踢進一千兩百八十二個球。並創下了個人在一場比賽中射進八個球的紀錄。他超凡的球技不僅令萬千觀眾瘋狂，而且也常使球場上的對手拍案叫絕。他不僅球藝高超，而且談吐不凡。當他個人進球記錄滿一千個時，有人問他：「您哪個球踢得最好？」比利笑了，意味深長地說：「下一個。」他的回答就像他的球技一樣精采，含蓄幽默而又耐人尋味。

驕傲自滿的人有誰會喜歡呢？就算在乎別人的目光和議論，太自大而忽略了普通工作中的小事。也可能給自己帶來羈絆。在邁向成功的道路上，每當實現了一個近期目標，絕不應自滿，應該要迎接新的挑戰，把原來的成功當成是新成功的起點，樹立新的目標，攀登新的高峰，進而達到嶄新的人生境界。美國當代最傑出的管理學家之一柯林斯說：「優秀是卓越的大敵。」優秀也是最難空杯的原因。記住一句話，「人要有空杯心態和海綿心態，讓自己從學徒的心態開始前

行。」積極參與團隊的建設。

團隊建設是事業發展的根本保障，至今沒有一個人是在團隊之外獲得成功的。團隊的發展取決於團隊的建設。無論是我們是在管理崗位，或是普通的團隊成員我們有應該積極的參與到團隊的建設。

如果是在領導崗位，我們要把重點放在培養團隊的核心成員。俗話說「一個好漢三個幫」，管理者是團隊的建設者，應透過組建智囊團或執行團，形成團隊的核心層，充分發揮核心成員的作用，使團隊的目標變成行動計畫，團隊的業績才得以快速增長。團隊核心層成員，應具備領導者的基本素質和能力，不僅要知道團隊發展的規劃，還要參與團隊目標的制定與實施，使團隊成員既瞭解團隊發展的方向，又能在行動上與團隊發展方向保持一致。大家同心同德、承上啟下，同心協力。同時樹立和堅定團隊的目標。

團隊目標來自於公司的發展方向和團隊成員的共同追求。它是全體成員奮鬥的方向和動力，也是感召全體成員精誠合作的一面旗幟。核心層成員，在制定團隊目標時，需要確定本團隊目前的實際情況，例如：團隊處在哪個發展階段？組建階段，上升階段，還是穩固階段；團隊成員存在哪些不足，需要什麼説明，鬥志如何?等等。

制定目標時，要遵循目標的SMART原則：—明確性—可衡量性—可接受性—實際性—時限性。還要建立學習型組織：讓每一個人認識學習的重要性，盡力為他們創造學習機會，提供學習場地，表揚學習進步快的人，並透過一對一溝通、討論會、培訓課、共同工作的方式營造學習氛圍，使團隊成員在學習與複製中成為精英。如果我們是團隊裡的普通組員，我們也要積極參與到團隊的建設中，需知團隊的建設不是少數幾個人的事，是每一個團隊的個人都應該積極融入的。

一九五二年前後，日本東芝電氣公司曾一度累積了大量的電扇賣不出去，七萬多名職工為了打通銷路，費盡心機想了不少辦法，依然進展不大。有一天，一個小職員向當時的董事長石阪，提出了改變電扇顏色的建議。在當時，全世界的電扇都是黑色的，東芝公司生產的電扇自然也不例外。這個小職員建議把黑色改為淺色。這一建議引起了石阪董事長的重視。經過研究，公司採納了這個建議。第二年夏天，東芝公司推出了一批淺藍色的電扇，大受顧客歡迎，市場上還掀起了一陣搶購熱潮，短短的幾個月之內就賣出了幾十萬臺。

管理經驗顯示：讓團隊隊員積極的參與到團隊建設中，是團隊成功的基本要素。心態開放的成員，總是樂於處理各種問題，懂得營造開放的氛圍，讓其他人暢所欲言，以促進彼此之間的交流。這些團隊成員實際上是真正高明的溝通者，他們善於營造這種氛圍來促進成員之間的交互往來，使得團隊無論遇到什麼問題，都能得到有效又合理的解決辦法，最終使團隊的整體績效提高。一個員工應當積極地向組織提出合理化建議，積極的參與團隊的建設。

合理化建議，是團隊成員用積極行動推動組織發展的一個最積極的表現，它不只有「好產品、好主意」的作用，而且還是發動員工參與管理、促進上下溝通的良好形式。幾乎所有的成功企業，都把合理化建議活動的開展和企業的興衰連結在一起。一個企業要興旺發達，單靠自上面的指導是不夠的，必須要與自下而上的建議相互結合。

除了極少數的人能直接創建自己的事業，大多數人都必須走一條相同的路，依託組織奠基自己的事業生涯。只要你處於組織中，是組織的一員，就應當以組織為家，和組織肝膽相照，榮辱與共。作為一名員工，向管理者提出自己的合理化建議，這說明你盡了一位組織成員的責任，對組織充滿了愛心，你也會得到管

理者的信任。

適時地提出一些大膽的建議，可以讓你的價位在上司心目中水漲船高。例如：你可以提出如何開源的辦法，並指出如何與節流相結合才能更有效。沒有什麼比為組織的發展而提出合理化建議，更令上司高興的事了。

提出合理化的建議，更出色的一點就是讓你的思維走在管理者的前面。很多時候，你的高效率會使管理者對你刮目相看，敬重有加。當然，這需要在對管理者已有足夠瞭解的基礎上，根據組織的實際情況作出的建議。事業生涯，除了自己之外沒有別人可以掌控，這是你自己的事業。就必須要求自己比管理者更積極主動地工作，並對自己所作的結果負責，持續不斷地尋找解決問題的方法。照這樣堅持下去，你的表現便能達到嶄新的境界，為此你必須全力以赴！

不要淪為團隊中的短板

木桶理論，是由美國管理學家彼得提出的。說的是由多塊木板構成的水桶，其價值在於其盛裝水量的多少，但決定水桶盛裝水量多少的關鍵因素，不是最長的板塊，而是最短的板塊。有短板塊存在的團隊，使比最低的木板高出的部分沒有意義，高出越多，浪費越大；所以，要想提高木桶的容量，就應該設法加高最短的那塊木板的高度，這是最有效也是唯一的途徑。這是來自生活中的經驗，如此簡單的道理卻是人類智慧的結晶。

任何一個組織，或許都有一個共同的特點，即構成組織的各個部分往往是參差不齊的，但劣勢部分卻往往決定著整個組織的水準。問題是「最短的部分」是組織中一個有用的部分，你不能把它當成爛蘋果扔掉，否則你會一點水也裝不了！所以即使是暫時的短板，我們也絕不要氣餒，要努力把它轉化為長板。

::第三章::

記住，你是團隊中的一員

劣勢決定優勢，決定生死，這是市場競爭的殘酷法則。這只「木桶」告訴我們，身在職場，憂患意識，如果你個人有哪些方面是「最短的一塊」，你應該考慮儘快把它補起來；如果你所在集體中存在著「一塊最短的木板」，你一定要迅速將它接長補齊，否則它給你的損失可能是毀滅性的——很多時候，往往因為就是一件事而前功盡棄。

美國總統威爾遜說過：「學習是終身的事業。」殼牌石油公司企劃總監德格說：「唯一持久的競爭優勢，或許是具備比你的競爭對手學習得更快的能力。」如今整個組織逐漸向開放的學習型組織轉變，任何一個員工都有必要培養和提高自己的學習技能，學習業務知識，不斷拓寬知識面，從多方面去豐富、提升自己，成為學習型的員工。

企業外的世界不斷變遷，企業內的人員也要跟著改變。企業需要員工掌握新技巧，以便在新的工作環境中有突出的表現，即使最令人滿意的企業也不能憑著過去的成功駛向未來。每名員工都必須檢視自己對變遷需求的反應，沒有人能夠退居一角只做個旁觀者。

在某貿易公司已經做了七年行銷工作的小米連續獲得公司優秀員工稱號，

是部門經理的熱門人選，可是最後公司高層沒有任命她，而是從外面招聘了一個善於電腦操作、說得一口流利外語的「外來和尚」。其實並不是上司對小米有什麼不滿，上司早就想栽培她，多年來幾次提出送她去進修，小米卻以工作忙並有家庭拖累為由婉拒了上司的美意，從來不給自己「充電」。結果是原有的知識已趨老化，難以應對新的挑戰，她自己的位置也只能原地踏步了。

員工的能力是企業發展的動力，員工有責任不斷提高自己的業務能力，這是企業快速發展的重要保證。沒有哪一種能力是萬能，可以適用於各種行業的。每一位員工必須清楚自己所必需具備的能力，以及促使自己表現非凡的能力。要時刻保持不斷學習的熱情，要知道，現在的團隊的木板都是在增長的，不進則退，說不定某天一覺醒來，自己已然成為了一塊短板。

在一個公平的社會裡，有人之所以擔當重要角色，是因為他們已經具備必要的能力，假如你的職業生涯計畫有包括職位升遷，就要有勝任新工作的能力和能夠迅速取得新能力的方法。為取得新的能力，你必須豐富一些個人的成長經驗。知識、經驗和工作的技巧對於一個人的成長更加重要。聰明的員工會掌握每個學習機會、發展技能以及尋求挑戰的任務。與其依賴公司或是全憑運氣，

不如想辦法照顧自己。

一位在職訓練的人員說：「雖然我的工作不是十分穩定，但是我希望這份訓練能幫助我在這裡待久一點；如果不能，它也能幫助我找到另一份工作。」他因為能控制自己部分的前途而減低了對未來的恐懼。在很多職業仲介機構的名冊裡，登記著無數受過教育的失業者的名字，其中的大部分人都是因為自己沒有進一步發展的能力被人超越，最後失去了原有的工作。

每個人既有的知識和技能很容易過時，因此要「不斷自我更新」才能避免工作上的危機。工作每天都有新情況、新挑戰，每天都要面對新事物，學習與工作相伴，工作就是學習。能夠適應工作，實現自我而不被淘汰，靠的是實力，而實力來於自身。雖說現代社會的機會很多，但要是不學習的話，必然也會逐漸落後於社會。只要天天學習，就會天天進步，天天有機會，工作才會富有生機。

生命不息，奮鬥不止。不做團隊中的短板，更要防止自己在今後淪為短板的可能性。

要接受他人的缺點

有句俗話說得好「十年修得同船渡，百年修得共枕眠」，即謂人與人的相識、相交、相互共事之可貴。既然有緣在一起，無論來自何方，我們都是為了一個美好的願望和共同的目標而奮鬥，我們沒有與生俱來的偏見，也沒有上輩子的恩怨。許多人都有這樣的感受：工作生活在一個清正、團結、和諧、相互信任的環境裡，就會心情舒暢，精神愉悅，渾身充滿幹勁，就可以集中精力做事情，一心一意拼事業；反之，工作生活在一個矛盾重重、關係緊張、彼此猜忌的環境裡，就會心情鬱悶、精神沮喪，難以聚精會神地投入工作，成就事業自然也就無從談起。

人們的性格不同，個性迥異，對事物的見解也不相同，如果人人各執己見，見面只會爭吵，哪裡還能在一起合作共事，創造新的未來呢？合作共事，尤其是

::第三章::

記住，你是團隊中的一員

領導幹部，都要有寬廣的胸襟，懂得尊重和欣賞別人多姿多彩的個性，諒解包容別人的缺點和不足，做到容人、容事。

《資治通鑑》卷一記載了這樣一個故事：西元前三七七年，子思向衛侯推薦苟變時說：「苟變的軍事才能，可以統帥五百乘的軍隊。」

可是衛侯說：「我知道他是個將才，然而他曾向老百姓收田賦時，白白吃了人家兩顆雞蛋，所以不能用他為將。」

子思進言道：「聖明的君主用人，好比木匠選用木料，會取其所長，棄其所短。所以，合抱粗的大樹，雖說爛了幾尺，好木匠絕不會因此而把它丟掉。現在，您處在戰爭四起的世界，需要選擇勇猛的武士，因為兩個雞蛋而丟棄捍衛社稷的大將，千萬不可讓鄰國知道啊！」

這是子思和衛侯的一段對話。子思推薦苟變做將領，然而衛侯卻因為苟變過去為官收稅時吃了百姓兩個雞蛋而不用他。子思用「聖人之官人，猶匠之用木，取其所長，棄其所短」說明選人任官不可求全責備，而應「取其所長，棄其所短」，為我所用的道理，進而說服了衛侯，使苟變得以重用。其實不管是用人，還是與人相處都是這個道理。面對別人的缺點，要有包容的胸懷，不要因瑕掩瑜，不要只看到別人的缺點，而看不到別人的優點。

愛因斯坦說：「期望得到贊許和尊重，它根深蒂固的存在於人的本性中，要是沒有這種精神刺激，人類就完全不可能合作。」雖然各人的能力有大小、職務有高有低，分工有所不同，但在人格上大家都是平等的，既不能妄自菲薄，也不能自視甚高。

尊重別人不是對別人的恩惠，而是別人應獲得的基本權利，要站在對方的角度，感同身受，推己及人；要善於欣賞、接納他人，由衷地讚美別人的優點長處，允許他人有超越自己的地方。每個人都有長處，也有短處，不可能凡事都超越別人，對別人與自己不同的地方，要能接納，不排斥，不藐視，惟其如此，才能得到別人的尊重和支持。

提高合作共事能力，就是要勤於自我反省，不斷發現和矯正自身性格中不利於與他人合作的地方，養成正確的待人處事態度。同一個團隊的成員不僅要能容納他人之長，還要能夠容納他人之短。那麼，如何包容你周圍同事的缺點，使之轉變為一種積極的夥伴關係。要做到以下幾點：首先，有一個博大的胸懷。能夠從容地對待所有的人生際遇，包括：嘲諷、誹謗、嫉妒、誤會等。而在《西

：：第三章：：

記住，你是團隊中的一員

遊記》中，這些被稱之為「九九八十一難」；其次，以尊重人的態度建立自己的工作關係，大家都是人，每個人都值得我們尊重，但不要苛求別人的尊重；再次，要誠信和公正。誠信和公正一樣，是我們在團隊建設中必備的美德。沒有誠信就會失去別人的信任。有公正才能維持團隊的穩定和秩序。公正是值得信任的力量；最後幫助他人。善待別人，善意地幫助別人，在整個團隊中無疑地，將會推動良好的互動關係，使自己始終處在一個和諧的環境中。

不知道你是否曾經關注過大雁南飛那種展翅齊飛的優美姿態，牠們總是排成「人」字或「一」字飛行，因為在這個團隊中，每隻鳥拍動翅膀都會為緊隨其後的同伴，添加一股向上的力量。牠們團結合作，迎著狂風暴雨，直到抵達目的地。多點寬容，相信，在我們這個團隊中，我們每位成員都會充分發揚團隊精神，為你、為我、為他添增一股向上的力量，我們就一定能達到團隊和個人的共同成就。

及時糾正他人的錯誤

沒有人不會犯錯誤。對一個團隊而言，如果不及時指出錯誤，很有可能導致整個專案與目標的偏離，甚至導致失敗。在職場中，大多數人不選擇及時地指出別人的錯誤，很重要的一個原因是因為批評技巧的缺乏。在錯誤面前，你可能要忍不住大發雷霆。狂風暴雨過後，你可能會沮喪地發現，你的善意並沒有被對方所接受，甚至，換來的結果可能讓你後悔莫及。批評，對任何人來說，都不是一件愉快的事。但是如果你能夠掌握適當的批評技巧和方法，相信你們的交流會更加地容易。

你的批評是否成功？大致上決定於你採用的態度。沒有人喜歡被批評，不要相信「聞過則喜」。如果你一味地指責別人，或者簡單說明你的看法，你將會發現，除了別人的厭惡和不滿外，你將一無所獲。然而，如果你能夠讓對方

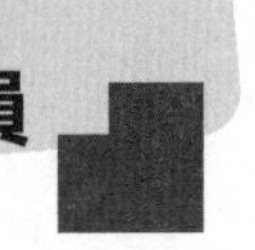

感覺到你是來解決問題，糾正錯誤，而不是來發洩你的情緒，你將會獲得成功。

這裡有幾點小建議：

1、批評不是聯歡晚會

被批評可不是什麼光彩的事，沒有人希望在自己受到批評的時候，召開一個「新聞發表會」。所以，為了被批評者的面子，在批評的時候，要盡可能的避免第三者在場。不要把門大開著，不要大聲地嚷嚷，要全世界的人都知道似的。在這種時候，你的語氣越溫柔，反而越容易讓人接受。

2、欲取之必先與之

不要一來就開始你發牢騷，先創造一個可能和諧的氣氛。做錯事的一方，一般都會本能的有種害怕被批評的情緒。如果很快地進入正題，被批評者很可能會產生不自主的抵觸情緒。即使他表面上接受，卻未必表示你已經達到了目的。所以，先讓他放鬆下來，然後再開始你的「慷慨陳辭」。記得有句話說的很好——Kiss and Kick（吻過再踢），這樣才能達到更好的效果。

3、對事不對人

批評時，一定要針對事情本身，不要針對個人。誰都會做錯事，做錯了事，

並不代表他這個人如何的差。錯的只是行為本身，而不是某個人。一定要記住：永遠不要批評「人」。

4、你要找到解決問題的辦法

當你批評的時候，你在說他做錯了。此時，你必須要告訴他怎麼做才是正確的。這才是正確的批評方法。不要只是耍嘴皮子。一定要他明白：你不是想追究誰的責任，只是想解決問題。而且，你有能力解決。此外，指出他人錯誤的時候，應該儘量避免在人後說事。因為這樣可能給你造成不利的人際關係，嚴重破壞了同事之間的團結。

喬凱和包爾是同事。包爾在公司人緣極好，他不僅很有能力，而且總是笑臉迎人，和同事相處融洽，樂於助人，同事給了他很高的評價。一天晚上，喬凱因為有事要找經理，到了經理門口時，卻停住了，因為他聽到裡面正在說話，並且依稀有聽到包爾的聲音，他聽到包爾正在向經理說同事的不是，平時很多不起眼的小事被包爾加油添醋地說著，並且還說到自己的壞話，藉機抬高他本人。喬凱不由得一陣厭惡。從此以後，喬凱對於包爾的一舉一動，每一個表情，每一句話都充滿了厭惡和排斥感，他無論表演得多好，說任何好聽的話，喬凱都對他

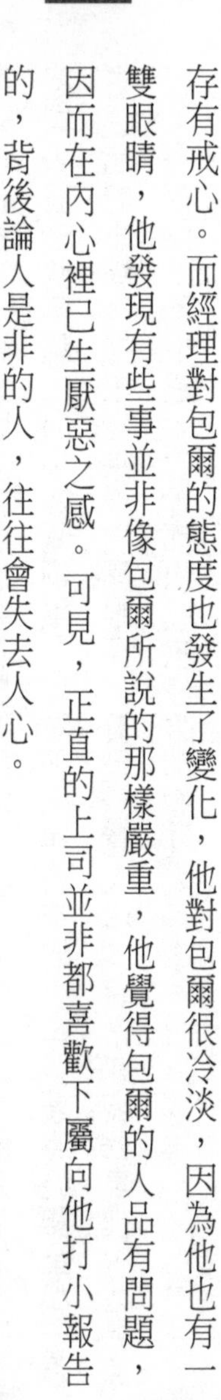

存有戒心。而經理對包爾的態度也發生了變化，他對包爾很冷淡，因為他也有一雙眼睛，他發現有些事並非像包爾所說的那樣嚴重，他覺得包爾的人品有問題，因而在內心裡已生厭惡之感。可見，正直的上司並非都喜歡下屬向他打小報告的，背後論人是非的人，往往會失去人心。

在背後議論人，從來不說被議論人的優點，總是拿著他的缺點大做文章，這是什麼樣的心理？自私還是嫉妒或是其他什麼的？無論是哪一種心態，但在很多時候，有一個共同點是可以肯定的，那就是不希望對方比自己好，想盡辦法要把對方壓下去。我們反對當面不說，背後亂講，這並不是因為隔牆有耳，你說的時候就被誰給聽見了；也不是因為你跟別人說了，不能保證那人又說給別人聽了；關鍵是在別人背後說人家的閒話，這本身就是不道德的行為。所以，有這種毛病千萬要改。只有及時、適當的指出別人的錯誤，才能既保證團隊的利益，又能好好的維繫在團隊內的人際關係，推動團隊的進一步發展。

避免職場酸葡萄心理

「職場酸葡萄心理」的危害很多，雖然可能有一定的現實基礎，但這畢竟是一種心理層面的敵意與競爭，既容易造成同事間不必要的衝突，也可能得罪上司，形成人際關係的惡性循環，往往成為團隊合作中的絆腳石，對自己的身心也極為不利。

身為一名老職員，老張業務超群，為人也忠誠可靠，但由於不會討好，多年來一直未能得到重用，看著一些比自己資歷淺，能力也未必在自己之上的人，憑著擅長迎合上司意圖、拍馬屁，在職場平步青雲，老張的心裡頗為憤懣，時常對同事發一些牢騷。而小梅剛剛畢業，看著同辦公室的小媚憑著漂亮臉蛋和一張會說話的小嘴，把主任哄得眉開眼笑，於是醋意大增，時常在辦公室裡說些風涼話：「有什麼了不起，看她都快成主任眼前的紅人了。」

：：第三章：：

記住，你是團隊中的一員

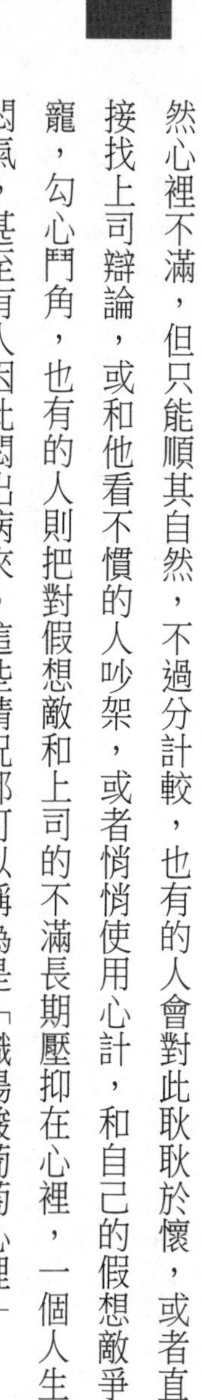

很多人都曾有過和老張、小梅類似的經歷。大多數人遇上這樣的事情，雖然心裡不滿，但只能順其自然，不過分計較，也有的人會對此耿耿於懷，或者直接找上司辯論，或和他看不慣的人吵架，或者悄悄使用心計，和自己的假想敵爭寵，勾心鬥角，也有的人則把對假想敵和上司的不滿長期壓抑在心裡，一個人生悶氣，甚至有人因此悶出病來。這些情況都可以稱為是「職場酸葡萄心理」。

從心理學的角度看，「職場酸葡萄心理」往往隱含著很多深層的心理原因，具有症狀的人，常見有以下幾種心理癥結：童年生活在大家庭裡，曾經和兄弟姐妹競爭父母的關心和愛護，總感覺父母更愛他人而不愛自己，覺得委屈和不公平，成年後便會無意識地把童年對手足和雙親的感情，轉移到同事和上司身上，總覺得上司偏愛同事，而自己受到了不公平的對待。

個性過於追求完美的人，過於好強，總想把身邊的一切都控制在手中，當發現不能隨他意的事情時，看到上司和同事並非他所能控制，便會產生焦慮和心理失衡感。

具有「自戀」人格的人，童年往往是被忽視的孩子，成年後總是渴望別人能關注、理解和讚美他，別人能為他服務，可是工作環境裡怎麼可能一切如願呢？於是上司對同事正常的關心，都可能帶給他「自戀性損傷」，激起嫉妒和憤怒。還有的人性格具有偏執的特徵，總是設想別人是惡意的，總感覺到自己被攻擊，這樣戴著有色眼鏡看世界，也容易對別人擺臉色，覺得同事取悅上司也是在和他作對，為此而憂心忡忡和心懷嫉恨。

對於一般具有「職場酸葡萄心理」的人，首先應該採取豁達的心胸看這個世界，努力做好自己的本職工作。對於別人的問題，採取「隨他去吧」的態度，順其自然，就會減少很多不必要的煩惱；而對於具有前面提到的四種情況的「職場酸葡萄心理」者，建議看心理醫生，調整一下個性和認知，進而更好地適應環境。上面提到的「酸葡萄心理」是團隊合作的絆腳石，那麼如果團隊中有的人對你有了這樣的「酸葡萄心理」，那麼我們又該如何去面對，如何去處理，幫助團隊搬開這塊石頭呢？當你發現別人的「酸葡萄心理」是針對你的時候，問題很有可能出在自己身上，不要再那麼盛氣凌人，鋒芒畢露，而是多一些寬容和分享，辦公室的氣氛就不會那麼緊張了。

遭遇別人的「酸葡萄心理」，在大部分情況下，說明你有高人一等的本領，你應該為此高興，並且從中看清自己的優勢。遇到觀點不一致的情況，你可以

：：第三章：：

記住，你是團隊中的一員

效法周圍人的態度保持沉默，不要總想著竭盡全力去說服別人。在很多情況下，我們更關注在事情上，卻忽略了情感，傷到別人和感情。其實，無論你做的事情多麼正確，對方的想法多麼膚淺，你都要採取能讓對方接受的方式，選擇合適的時間和場所提出自己的想法，而不是在大家面前指責別人的無能。

有著「酸葡萄心理」的人的心就像冰塊一樣，要讓他融化需要你的溫度，能給他帶來溫暖的方法，是讚賞他被人發現的特質，而這個特質剛好也是你缺乏的。希望得到別人的贊許，並不是要讓自己的言行不出一絲紕漏，時時刻刻保持完美的形象。相反，如果你時常犯一些小錯誤，或者公開地談一些自己做過的傻事，別人才容易與你親近。

當你獲得一些成就時，言談中不要忘了感謝同伴的支持。當你得到公司的獎勵時，拿出一些跟同事一起分享。這種非正式場合的交流，比在辦公室裡談話更有作用。由於出色的表現，老闆會給你更多的機會，此時你最好在感謝老闆器重的同時，提出請其他同事幫忙，一起合作完成，而不再單打獨鬥，畢竟，就算你有單獨完成任務的能力，也要顧及同事的心情，不要把全部機會都搶光了。

職場活命
厚黑
心理學

第四章 職場中的「黑話」

POINT

弦外之音，也就是說言外之意，即在話中間接透露資訊，而不明著說出來的意思。現在職場人際關係複雜，因此每個身在職場的人都有必要瞭解一些所謂的「職場黑話」！

「你的口才非常好」

是否有人對你如此說過呢？那麼，你是否聽出過其中的含義呢？聽出弦外之音最首要的一點，就是要瞭解和正確的認識自己，人貴在有自知之明，這樣才不會當別人過分誇獎你的時候，你盲目的飄飄然自以為是。

項羽少有大志，力能扛鼎，才氣過人。他的叔父項梁要他讀書，不成，又學劍術，還是不成，於是叔父怒斥項羽。

項羽卻說：「書足以記名姓而已，劍，一人敌，不足學，學萬人敵。」意思是說，自己將來要指揮千軍萬馬馳騁疆場，名垂竹帛，不學書、劍又何妨。這就是項羽沒能正確的認識自己，不知道自己的長處何在，短處又是什麼。也正因如此，他後來雖有雄心，卻無雄才，最終落得失敗下場的重要原因之一。

如果你能正確的認識自己，那麼，當你明知自己只是有與人侃侃而談的能力，而算不上口才極佳的時候，面對這樣的稱讚，你就會冷靜下來。

我們與人進行交談的目的，是為了將自己的意思傳達給他人，讓他們明白、理解、信服或支持我們。若想達到交談的目的，就要求談話者既要瞭解自己，又要瞭解對方，力爭營造出相互瞭解的氛圍。

交談，有時又好似武俠小說中的大俠過招，只不過武器換成了語言。「你的口才非常好啊！」明明意指你能瞎扯，卻偏要扣上一個「好口才」的帽子給你，讓你不得不吃下這招。這正是弦外之音第一種：善意諷刺。

之所以說是善意，是因為無論是說你口才好也好，說你能瞎扯也罷，都無傷大雅。況且口才好之人在交談中口若懸河自是小菜一碟，從某個角度來看，確實就等同於瞎扯，扯東扯西，談天談地。只不過瞎扯與口才好的區別在於，瞎扯是盲目的說話，什麼都說，甚至讓人覺得你說出來的話不可靠。而擁有極佳口才的人，聽他們說話會有感召力，會對他們的遣詞用句心悅誠服，甚至心生崇拜，想要向他們學習。

我們身邊不乏能說善道之人，但真正擁有極佳口才的，畢竟還是少數。口才不光是一種說話的才能，更是一種綜合能力，包括表達、聆聽、應變等多個方

面。善於表達，能夠聆聽，清晰判斷，巧妙應對，這才是衡量口才好與壞的重要標準。

口才並不是天賦的才能，而是靠刻苦訓練得來的。古今中外歷史上一切口若懸河、能言善辯的演講家、雄辯家，他們無一不是依靠刻苦的訓練而獲得成功的。日本前首相田中角榮少年時曾患有口吃，但是他沒有被困難所嚇倒，也沒有因自己的口吃而放棄希望。為了克服這一缺陷練就口才，他常常朗誦、慢讀課文，為了準確發音，他還對著鏡子糾正嘴和舌根的位置，嚴肅認真，一絲不苟。他所付出的努力終於得到了回報，他不但治癒了口吃的毛病，還練就了一副好的口才，為他後來成功競選上首相奠定了堅實基礎。

美國著名的企業家、教育家和演講口才藝術家戴爾・卡內基的一生，幾乎都在致力於幫助人們克服談話和演講中畏懼和膽怯的心理，培養勇氣和信心。他的學員成千上萬，職業五花八門，年齡層也很廣，甚至還有人年過半百，但是他們都透過訓練達到了培養口才的目的。可見，不在於職業和出身，不在於年齡和經歷，若想獲得良好的口才，那麼就要付出努力地去訓練自己。

「勤能補拙是良訓，一分辛苦一分才。」鍛鍊口才有許多方法和途徑，最

基本的有背誦、速讀、複試、描述和模仿。同時還要多讀書，讀好書，提高自己的文化和語言修養。有了這些基礎之後，就要開始實戰訓練，即勇敢的開口說話。在不同場合、面對不同觀眾面前大膽的說話，流暢的演講，不斷形成自己的演講風格。口才的提升不在於背誦了多少演講技巧，而在於透過實戰把知識轉化為技能，並變成自己的習慣。而且口才的訓練也並非一朝一夕的事情，要堅持不懈，才能有所收穫。

如果你想要擺脫別人對你「能瞎扯」的印象，就先從訓練自己的口才開始吧，成為真正擁有極佳口才的人，讓「你具有極佳口才」這句職場黑話，變成對方發自肺腑的衷心讚美。

「我也不確定是否可行」

做人正直和直率固然是必要的，但是正直和直率並不意味著說話快人快語、直來直往。因為不適當的直言就好比具有殺傷力的武器，不是使人抵觸反感，就是讓人倍受打擊，增加壓力。恰當委婉的得體話語不但能保存對方的顏面，還能達到說話人說話的目的。

當你拿著一份剛剛做好的方案交給你的上司時，你滿心期待，因為為了這份方案你工作了很久，甚至有幾天沒好好休息過，你自認為這是一份出色的方案。但是很可能由於不懂行規，或是不知道一些內部消息，使你的這個方案有一些很錯誤的建議，以致於無法採納。

這個時候，如果上司看過之後只是冷冰冰的說一句「這根本行不通」，想必你不但倍受打擊，還會因此顏面無存，以致於還可能影響到今後的工作。所以一句委婉的「我也不確定是否可行」，雖然實則拒絕了你，聽上去卻讓人容易接受得多。這就是弦外之音的第二種類型：委婉否定。

委婉否定的好處在於，它否定了事情，卻不是針對個人的努力，達到了目的，卻不傷害他人的感情。如果你說話的態度和方式讓對方覺得難堪，對方就會和你敵對，拒絕接受事實。而委婉地指出事情的不妥之處，其實不但可以緩和與對方的關係，還使自己不致處於招人記恨的危險境地。

三國時期的曹操很喜愛小兒子曹植的才華，因此曾一度產生過廢長子曹丕，而轉立曹植為太子的念頭，但是他又不知是否該這樣做。於是曹操將自己所想告訴了身邊的謀士賈詡，詢問他的意見。

賈詡謀略過人，知道此事非同小可，事關重大，雖然曹植確實才華橫溢，並且就才學而言可能比曹丕更加適合皇位，但是自古以來傳嫡長子是規矩，一旦改立他人，必然使朝中分做兩派，互相爭鬥。但是曹操又明顯偏向於小兒子，如果直說恐怕會使他不高興。

於是賈詡乾脆一聲不吭，只是用意有所指的目光看著曹操。曹操見他這樣，很奇怪的問他：「你為什麼不說話？」

賈詡說：「我正在想一件事。」

曹操又問：「你在想什麼事？」

賈詡回答道：「我正在想袁紹、劉表廢長立幼導致災禍的事。」

曹操聽後哈哈大笑，立刻明白了賈詡的言外之意，也就不再提廢曹丕的事了。

賈詡正是憑著他的聰明智慧，以委婉迂迴的方式否定了曹操的想法，又讓曹操明白了廢長立幼的危害，最終打消了容易導致朝中混亂的念頭。如果賈詡當時直言廢長立幼的危害，直接否定曹操的想法，曹操很有可能出於反感心理，不但聽不進勸告廢掉曹丕，而且還因此遷怒於賈詡，使得他人頭不保。因此，和聰明人說話，無需多言，只要稍作點撥，委婉相勸，就能使對方明白其中含義，還會對你充滿好感。

語言的委婉並非很容易就能做到，它要求具有高度的語言修養，像諱飾、隱喻等手法更是經常用到，在進行否定和勸誡時，往往比直言快語更能達到效果。與人交流時，不要認為內心真誠便可以不拘言語，運用巧妙而委婉的否定方式，能夠說明你與他人相處融洽。

::第四章::

職場中的「黑話」

方法一：明確表示你的承認

自由保險公司的蒂姆．蓋門是處理客戶賠償要求事務的，他的工作決定他要經常地拒絕客戶的要求。然而，他總是先對客戶的要求表示同情，並解釋說，從道義上來說他同意對方的要求，可是自己實在是心有餘而力不足。由於拒絕得法，蒂姆的工作做得很出色。所以，若想否定，先拿出你的肯定，承認對方想法中的正確之處，以及他所做出的努力，然後再給予婉轉的否定，指出其中的不妥之處。

方法二：讓對方自己認識事實

有一位室內裝飾設計專家，經常會遇到一些不懂審美的顧客，做一些不合實際的設想。這位專家從不直接否定顧客的想法，而是誘導顧客說出自己理想中的狀態，然後向他們講解如何搭配才能使整體效果達到和諧，顧客透過講解有了進一步的認知，就會選擇正確的搭配。還有像上面曹操的例子，都是這樣。以迂迴的方式讓對方認識到自己的錯誤之處，不失為一個明智的選擇。

方法三：在否定的同時，說明對方應該做些什麼

《成功的人際關係》一書的作者美國的威廉．雷利博士，在談及怎樣處理

下屬希望晉職，而他本身的條件又不夠的情況時，曾建議企業主管這樣說：「是的，我理解你希望得到提升的心情。可是，要得到提升，你必須先使自己變得對公司更重要。現在，我們來看看對此你還要做點什麼。」這麼一說，提出要求的人能夠看到希望，也就會接受上司的決定，同時為了得到晉升而努力的充實自己。總之，委婉的說話方式不僅是一種策略，更是一門藝術，現代人應該擁有這種意識，並且掌握委婉否定的方法。「這根本行不通」，「我也不確定是否可行」，「這份方案雖然很好，但是有些問題沒有關注到」婉轉的語言是不會有錯的。

「或許你可以去問問別人的看法。」在職場中你是否遇到過這種情況，你就你的看法向別人徵求意見，但是對方卻回答你說：「或許你可以去問問別人的看法」。如果你當真傻乎乎的真去向其他人詢問，恐怕得到的答案也好不到哪去。這就是你沒能成功的聽出對方的言外之意的緣故，「或許你可以去問問別人的看法」其實等同於「別人誰都不會認同你」。這就是弦外之音的第三種類型：暗中點撥。

說是暗中點撥，其實意思也已經很明白了：我覺得你的想法不對，但是我

說出來你恐怕也不會認同，所以讓你去問問別人的看法，碰了壁你也就知道了。

這種類型的弦外之音，好處就是對說話人而言，對這件事既沒有做出評價，也沒有表明自己的態度，而聽話的只要頭腦稍微靈光聰明一點，一聽就能夠理解話中的含義。也就是說話者巧妙地把事實蘊含在語言中，只要稍加轉彎便能明白其中之意。

南朝時期，齊國的高帝曾與當時的書法家王僧虔常常在一起研習書法。齊高帝覺得自己的書法水準日益精進，十分滿意。

有一天，齊高帝突然向王僧虔發問：「你和我誰的字寫得更好？」

王僧虔對這個問題感到十分為難，因為這是個極為難回答的問題，如果說齊高帝的字比自己的好，實在是違心之言，而且若齊高帝明察，那自己豈不成了拍馬屁的小人。但是如果說齊高帝的字不如自己，他畢竟是高高在上的君王，肯定會覺得面子上掛不住，弄不好還會將君臣之間的關係弄得很糟糕。

這時王僧虔忽然靈機一動，巧妙的回答道：「我的字，臣中最好，您的字，君中最好。」皇帝就那麼幾個，但是大臣卻不計其數，王僧虔的言外之意是很清楚的。齊高帝頓時領悟了王僧虔話中的含義，哈哈一笑也就作罷，從此不再提這

件事了。

王僧虔的巧妙回答不僅闡明了事實，而且還迴避了問題的指向，不是在自己與齊高帝之間作比較，而是在兩個不同的階級之間同類作比。這樣一來既表明了對齊高帝地位的尊重，又說明自己的字確實是最好的。暗中點撥和委婉否定有異曲同工之妙，不同之處在於，這是一種更加隱蔽的表達方式。至少委婉明確的表明了說話人否定的態度，而暗中點撥則是讓聽話人自己去領悟其中的含義，在不直接否定聽話人的基礎之上，留給聽話人一個思考的餘地。

大千世界中，每個人都擁有自己獨特的性情、迴異的興趣和不同的生活態度，因此在相互交際中，為了避免在觀念上產生衝突，我們應該學會在不否定他人見解的前提下，將自己的不贊成觀點傳遞給對方，這樣才會達到交際上的成功。

在傳遞不贊成觀點的時候，特別應該注意說話的方法，「或許你可以去問問別人的看法」就是一個很好的正面例子。

有的人說話經常不掩飾自己的情緒，不論在什麼場合，也不管對象是誰，不考慮所說的話會引起什麼後果，心裡有什麼就說什麼，直來直往，就會在無意中便得罪別人。在客客氣氣的社交談話中，直話直說是致命傷，當然，這並不是說你要說謊，而是表達不同態度的時候，要講求方法。

首先是要給對方留面子，切記不能傷害別人的自尊。人有臉，樹有皮，每個人都是好面子的，所以說話時應該盡量迴避傷害他人自尊的詞句。比如有一個中年婦女看上了一件顏色鮮豔的衣服，明明不適合她，但她卻愛不釋手。當她向你徵求意見的時候，你可以回答她：「或許妳應該問問年輕人的意見，他們總是比較有眼光。」而如果直接告訴她「沒人認為妳穿這件衣服好看」的話，不但傷了對方自尊，還傷了和氣。

其次是力求使對方釋然、高興地退下。也就是當你向對方暗示，你對他的觀點表示不贊成的時候，要讓對方能夠容易接受，並感到你是真正為他著想的。要做到這點，關鍵在於你的動機是高尚的，態度是誠懇的，語氣是委婉的。

最後則要注意說話的時間和地點。當只有你和對方兩個人的時候，不管說些什麼都不會有人聽到，在這樣相對隱密性強的環境下，因為少了被別人知道隱私的顧慮，對方比較能夠接受你對他不贊成的意見。而如果在大庭廣眾之下，即使你再怎麼委婉，再怎麼坦誠佈公，恐怕對方也會對你產生意見。

當你發現你很難對某個人的想法表示支持時，就婉轉的告訴他「或許你可以去問問別人的看法」吧，而當別人對你說了這句話時，請千萬不要真的就去問別人，最好看看自己的問題出在哪裡，爭取得到一句「我認為你很正確」的回答。

「你很會減壓」

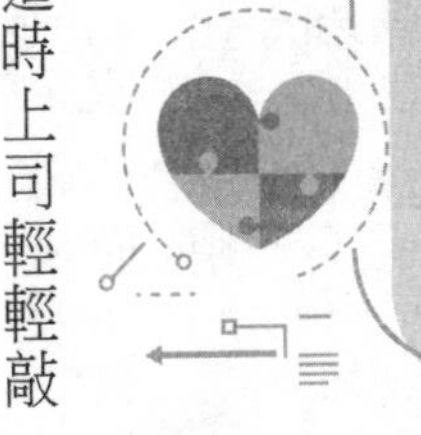

上司走近你的辦公桌，你渾然不覺，正在和朋友傳訊息。這時上司輕輕敲敲你的辦公桌引起你的注意，然後對你說：「你很會減壓嘛！」

想必此時，再怎麼遲鈍的人都聽得出其中的意思吧：上班時可別太放鬆了！即使是批評，也是從積極地角度去說，這就是弦外之音的第四種：幽默提醒。

有一則笑話，音樂課上，老師教大家唱《搖籃曲》。但是有位同學非常不專心，不但不跟著學，反而打起了瞌睡。老師見了，雖然很不高興，還是叫醒他說：「看來你對這首歌的意境理解得十分透澈啊！」

這樣的批評雖不嚴厲，卻也同樣達到了警示的效果，更重要的是，它是在一個非常輕鬆的氣氛下完成的。

幽默是人際關係的潤滑劑，有的時候，利用幽默來表達對對方的不滿，也

不失為一種好的方法。具有幽默感，不僅能給你的事業帶來極大的好處，而且會使你的形象更有魅力，因為幽默能夠消除緊張情緒，創造輕鬆愉快的氛圍。所以表達你的不滿時，不妨使用幽默提醒的方法，對方不但能夠接受，而且還會對你產生好感。

知名的足球教練羅克尼，就是個善於幽默提醒的人，他常常對事情進行趣味的思考，並且確實從中獲益匪淺。

在一次比賽中，羅克尼所帶領的諾特丹足球隊，因為年輕選手們的怯懦和經驗不足，在上半場結束時落後對手威斯康辛隊三分。可是中場休息的時候，羅克尼在休息室中卻一直與隊員們開玩笑，沒有任何的責備。

直到即將上場進行下半場的比賽時，羅克尼才大喊一聲：「聽著！」

隊員們驚慌失措的望著他，就在他們以為他要把每個人都大罵一頓時，羅克尼接下去說的卻是：「好了，小姐們，走吧。」沒有責備，沒有說些沒用的馬後炮，也沒有比手畫腳的強調下半場如何踢球，羅克尼的幽默和豁達，使隊員們克服了心理上的障礙，幫助他們忘掉了艱難的處境。

最終，羅克尼帶領的隊伍在下半場創造了奇蹟，他的隊員們踢出了一連串漂亮的進球。後來羅克尼接受採訪時說：「不是我贏了，而是我幽默的思考方式贏了。因為我知道我們精神上贏了，那麼球也贏了。」

如果在休息室裡，羅克尼沒有使隊員們精神放鬆，而是對著他們不斷的訓斥，隊員們一定會因為糟糕的心情而發揮不出原有的水準。這個時候，羅克尼明智的選擇了幽默的方式，把隊員們的緊張和怯懦比作像小女孩一樣，在這樣輕鬆的調侃之中，隊員們才能意識到自己所犯的錯誤和缺點。我們可以看到，幽默的作用如此之大，那麼怎樣才能培養出幽默感呢？

幽默往往給人從容不迫的感覺，更是修養和機智的象徵。所以首先，你要有足夠的文化武裝。有的人覺得自己知道的東西不少，也有很多很有意思的話題，但是卻無法把自己塑造成幽默的形象，那是因為他還沒有掌握方法。

首先，要記住當你講述某件有趣的事情的時候，不要急於告知結果。而是要沉住氣，用生動的語言和帶有戲劇性的情節來敘述。在最後的結果公佈前，應當給聽眾留有懸念，使得聽眾全部的注意力都集中在你的身上，然後再出其不意的將結果說出來，這樣才會讓聽眾覺得新奇有趣。

其次，注意說話時的肢體語言。這裡的肢體語言，不光是指手勢和身體姿態，還包括你的表情、說話的語氣語調，以及重音和停頓。這些細節都有助於幽默力量的發揮。尤為重要的是，在講述笑話的過程中，無論是多麼好笑的事情，也不能自己先笑出來。讓聽眾笑而自己面帶微笑，配上這樣的表情會使你說話的內容更加讓人覺得幽默。

最後，幽默必須真實而自然。我們經常會看到或聽到一些政治家們的幽默言行。他們大都對幽默的力量運用自如，真實而自然。但是大多數人誤會了幽默和笑話的區別，幽默並不等於笑話的疊砌。

紐約有個人，一心想成為某家俱樂部的主席。在競選演講上，他在一個多小時的演講過程中穿插講了三十多個笑話，臺下的聽眾被逗得哈哈大笑，直到他演講完畢，臺下的聽眾掌聲雷鳴，紛紛喊著：「再來一個！」這個人真就又講了個笑話，同樣把臺下的人逗得開懷大笑。但是，最終的結果卻是，他沒有競選上俱樂部的主席，因為人們覺得還是當個喜劇演員更加適合他。

這就是笑話和幽默的區別。真正懂得幽默的人，能夠使人不經意的被他的氣質所折服。而幽默的力量，也不只在於引人發笑，還能夠化解干戈和矛盾。

許多時候，有很多事情如果不運用幽默的力量，就無法達到目的，還會使

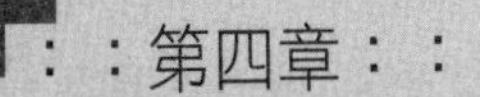

：：第四章：：

職場中的「黑話」

你和他人之間的關係變得尷尬。就像是在辦公室裡過於放鬆而忽視工作的時候，一句「你很會減壓」，既提醒了對方上班的時間要認真工作，又為對方一時的散漫找到了很好的藉口，保住了他的顏面。因此，當他人犯了點無傷大雅的小錯誤時，就用幽默提醒的方式從容的開個玩笑吧！

「你真是個模範員工」

「某某，你真是個模範員工啊！」聽到上司這樣表揚你的時候，先別急著高興，應該好好地想想自己到底哪裡「模範」了。不要以為一週五天、一天八小時的工作時間裡，你一直本本分分的做著本職工作這就叫模範了，其實上司所說的模範，不過是你上班準時罷了。

面對表揚，我們不能迷失心智，聽得出表揚背後的隱藏含義，這才是我們的進步之源。當被表揚成為模範員工的時候，請你先認真的思考幾秒鐘，平心而論，自己在公司裡有哪些行為可以稱得上是模範呢？如果發現自己人緣尚可，職位一般，業績平平，除了每天全勤，不遲到早退外，實在是沒有什麼可圈可點之處，那麼這時，就請你要留心，多加小心了。因為，如此平庸的你唯一稱得上「模範」的地方，就只有上班準時而已。

不過，不要以為只有你一個人處於這種尷尬的境地，在成千上萬的上班族當中，處於上司地位的不過是其中的一小部分，而能夠操縱公司大局的人更是少之又少。在眾多的小職員當中，很大一部分的人都沒有什麼作為，只是作為一個大公司運轉的一個螺絲釘，在自己的崗位上每天過著庸庸碌碌的日子。

雖然人們嘗試著美化螺絲釘在整個社會運作中的重要作用，但是這種美化是基於螺絲釘這個整體，而不是唯獨你這顆螺絲釘。作為個體的小螺絲釘而言，因為你不是獨一無二的，所以能夠代替你的人比比皆是，一個閃失，你的位子可能隨時不保。如果不想處於這樣可悲的境地，那麼你就要想辦法提升自己，使自己在整個公司中的地位更加重要，成為無可替代的存在。

拿破崙有一句經典名句：「不想當將軍的士兵不是好士兵。」同樣，不想成為上司的職員也不是好職員。有些人之所以對工作不冷不熱，敷衍了事，正是缺乏上進心。如果你正好是這樣一類的員工，那麼你就該小心了。不過，如果雖然你只是個平凡普通的小職員，卻被上司稱讚「你真是一名楷模啊」的時候，其實你多少應該感到高興，因為內含在這句表揚之中的，更多是上司對你的期望。

這就是弦外之音第五種：積極放大。所謂積極放大，是對某種優點進行誇張，進

而上升到整體，以面帶點，以全概偏。這樣做的好處就是，當你自知對方對你過於美化的時候，你就會不自覺的，讓自己朝著對方所期望的樣子去努力。

表揚的力量究竟有多大呢？著名作家馬克・吐溫曾經說過：「一句恭維的話，足能使我生活兩個月。」這句話雖然有些誇張，但是卻說明了表揚對人的激勵作用。

適當的表揚能夠調動下屬的工作積極性和熱情，是激發下屬鬥志不可或缺的催化劑，是使一個人感到自己重要的最好方式。沒有人願意接受批評，哪怕他犯了再大的錯誤，他也會為自己找到一些藉口。所以，精明的上司都善於運用表揚來使員工加倍努力工作。

著名管理學家彼得・德魯克曾經提出過激勵的倍增效應理論，他認為，喜歡受到表揚是人之常情。人人都喜歡得到正面的表揚，而不喜歡得到負面的懲罰。在人際交往中，讚美他人會使別人愉快，更會使自己身心健康。

被讚美者的良性回報會使我們更為自信，也會使我們更有魅力，形成人際關係的良性互動。讚賞別人所付出的要遠遠小於被讚賞者所得到的。要是我們都善於誇獎他人的長處，那麼，人際間的愉快度將會大大增加。

就算是簡簡單單的一個表揚，也能使得清潔工人感覺到自己所受的重視，進而心甘情願的為公司盡心付出。正如美國著名女企業家瑪麗．凱曾說過的那樣：「世界上有兩件東西比金錢和性更為人們所需，那就是認可與讚美。」而積極放大式的讚美方式，能夠讓被讚美的人感到自己被人重視，而被謬讚的地方，為了盡快彌補這種失衡的感覺，以致無愧於上司的表揚，員工大多都會透過自身的努力取得進步，進而使自己無愧於上司的稱讚。

因此，當你被上司誇獎「你真是一名楷模啊」的時候，一定要認真的看待這個問題，想一想真正的模範員工的標準和要求，不斷的以這個標準來要求自己，不再做一名只是上班準時而已的小螺絲釘。

「你的反應很快」

每個人都喜歡成功而討厭失敗，喜歡讚美而討厭批評，喜歡居功而討厭承擔責任。因此，一旦當你遭遇了失敗或是種種不順，你就會為自己找各式各樣的藉口，把事情的矛頭指向其他的人或物。

是因為怎樣怎樣的原因，所以我做這件事情才會失敗，如果不是因為怎樣怎樣，我一定能成功。找各種藉口自欺欺人，為自己的失敗辯護，這是天性使然。但是，失敗的人總是那些不斷為自己找藉口的人，而成功的人卻是那些能夠從自己身上找出問題所在，總結經驗不斷完善自己的人。

當有人對你說「你的反應很快啊」時，想想看他是否在意指你是個能迅速找到藉口、推卸責任的人呢？平心而論，如果你確實是這樣的，那麼，想必你在職場中的人緣也會很糟糕，因為沒有人會對喜歡找藉口的人產生好感。

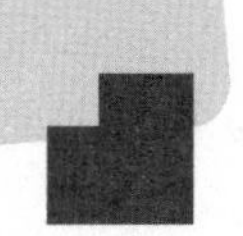

「你的反應很快啊」相當於「你能迅速找到藉口」，這是弦外之音的第六種類型：詼諧反諷。

反諷是表象與事實相反的一種表達方式，是敘事文學中經常使用的一種修辭手法。反諷敘述所希望達到的效果，往往與字面上陳述的內容是截然相反的，即「言在此而意在彼」。比如你看到一個表情呆滯、臉上還掛著鼻涕的孩子，卻對他的母親說：「妳的孩子看起來很聰明呢。」相信只要不是過分欣賞自己孩子的人，都聽得出其中的諷刺之意。

反諷在古典時期有三種類型，第一種是佯裝無知。這種類型常見於亞里斯托芬的喜劇，在他的劇中，主角故意在自作聰明的對手面前說些傻話，但最後卻證明這些傻話是真理，進而使對手認輸。

第二種是蘇格拉底式的反諷，即對方在他的請教和追問之下，不自覺的露出破綻。

第三種是羅馬式反諷，即字面意義與實際所指的意義不相符或相反。當今社會中經常被使用到的，大多屬於第三種類型。

反諷最顯著的特徵就是言非所指，而詼諧的反諷較之直接的諷刺更加婉轉，

把壞話當好話說，還叫人無從反駁，是一種更加高端的說話方式。把喜歡為自己找藉口的人說成「思維敏捷」，這種說法既含蓄，又能讓不知悔改的聽話人沾沾自喜，讓尚有些良知的人感到羞愧，可以說達到了很好的交際作用。

職場之中，總是為自己所做的事情找藉口的人是最不受歡迎的。這類人在做事之前，就會先為自己的失敗找理由，這其實也是沒有自信的展現。因各種藉口而造成的消極心態，會像瘟疫一樣侵蝕著他們的靈魂，使他們喪失鬥志、處世消極，影響和阻礙這些人能力的發揮，更不用說他們尚未展現的潛能了。而且一個人如果要想成就一番事業，就必須對自己毫不留情，嚴格要求，不找任何藉口，要像獵豹死死盯住獵物一樣真正著手於工作，正視困難，面對自我，也只有這樣才能贏得他人的尊重。

暢銷書《哈利．波特》的作者J．K羅琳在讀中學的時候，班主任摩根太太是個嚴厲又古怪的中年女人。開學的第一天，摩根太太做的第一件事情，就是透過測驗，把班上的學生分成聰明的和遲鈍的兩組。這次測驗的內容包括智力題和數學知識，這都是些羅琳沒有學過的東西。最後，羅琳只考了五十分，毫無疑問的成為了遲鈍組的學生。

這件事情讓羅琳留下了很糟糕的回憶，精神上的打擊所造成的創傷更甚於體罰。但是，她沒有為自己的這次遭遇找藉口，並沒有用「因為還沒學過，所以不會也是正常的」這樣的理由來麻痹自己，而是更認真的學習，努力的多看一些書，中學畢業的時候，身為遲鈍組成員的羅琳在班上的成績已名列前茅。

正是這種不為自己的失敗尋找藉口，不逃避自己應該承擔責任的精神，使得羅琳透過自身腳踏實地的努力，取得了進步，並為日後的成功打下了堅實的基礎。所以，如果你習慣於逃避現實、逃避責任，那麼請從現在起端正態度，正視自己的缺點，改變自己。

在辦公室中，當你發現有人總是為自己的失誤尋找各種藉口時，不妨也可以表揚對方「你的反應很快啊」。略帶諷刺意味的詼諧，善意的批評，乃至於義正詞嚴的訓斥，只要出於真心，而不是對對方故意的挖苦或是諷刺，相信對方也能感受到你的真實用意。而詼諧反諷的說話方式，比其他表達方法其實更能夠達到最佳效果。

在職場生活之中，每個人的優缺點都會在逐漸的接觸當中展露無遺。根據調查顯示，企業裡在同事間最受欣賞的人，就是那種做事有板有眼，敢於承擔責

任的人。所以，如果你想變得更受歡迎，就勇敢地站起來，為自己的行為負責，勇於面對和承擔因自己的言行所造成的一切後果。既然是你已經做錯了，就更無需掩飾，勇敢地承擔起責任才是獲得諒解和尊重的最好方法。因為找藉口是人們的天性，所以當你正視現實、勇於承認錯誤的時候，贏得的必定是一片掌聲。

改掉不假思索的就為自己找藉口的缺點吧！找出自身的不足，吸取經驗教訓，然後迎頭趕上，讓「你的反應很快啊」成為真正意義上的表揚。

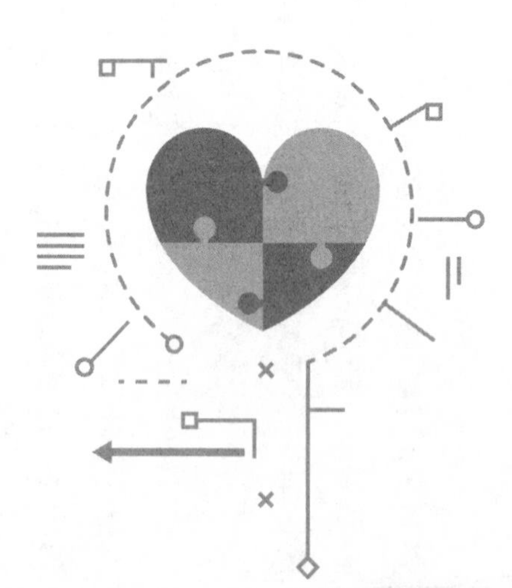

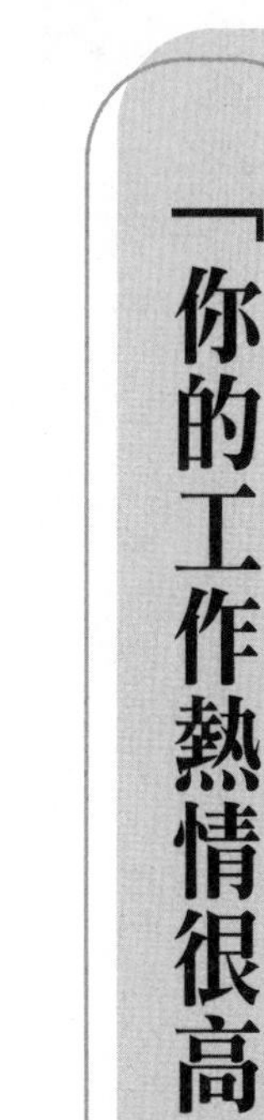

「你的工作熱情很高」

在工作上你和同事的意見有了分歧，你堅持認為自己是正確的，為了維護自己的觀點或方法，你和同事爭得面紅耳赤，沒有人的話語能夠打動你，使你懷疑你方法的正確性，討論半天，最終一無所獲。

這時，如果有人評價你「你的工作熱情很高啊」，可千萬不要以為是你的熱情打動了他們，或是他們承認了你做出的努力。因為，他們其實是在暗示你：你這個人真是太固執己見了！以「你的工作熱情很高」來表達對你固執己見的不滿，這就是弦外之音的第七種類型：側面點撥。

所謂側面點撥，就是從側面委婉地點撥對方，而不作直言相告，使其明白自己的不滿。因為你的固執而讓別人產生不滿之情的時候，對方以「熱忱」來美化固執，就是這樣一種手法。

真正的熱忱對一個人的工作是很有幫助的，它會使你全心的投入到你的事業之中，不但能提高工作效率，同時還會影響他人，使他人受到鼓舞和激勵。所以積極熱忱的心理，是吸引成功與幸福的磁石。

熱愛工作，是事業成功的基本條件。如同很多人一旦沉迷於網路遊戲，通宵達旦樂此不疲，時間不知不覺就過去了，這就是興趣所在。同樣的道理，如果你對工作沒有熱情，那麼每天的上班時間對你來說可能極為漫長無趣，不僅身體疲勞，精神上更是厭倦。但是對熱愛工作，對工作懷有熱情的人來說，他能夠從工作中體會到很大的享受，也會因為他的熱情而做出一番成績來。

有這樣的一個故事：兩匹馬各拉著一輛馬車，其中一匹馬任勞任怨，另一匹卻喜歡偷懶，常常停下來休息。主人因為急著趕路，於是只好把貨物全搬到了任勞任怨的那匹馬的車上。

喜歡偷懶的馬沒有了貨物的累贅，感到十分高興，得意的對任勞任怨的馬說：「你看，你越是努力，人們越是會折磨你。」

任勞任怨的馬聽後對牠說：「我們的工作就是拉貨，如果你連這個也做不到的話，就沒有價值了。」

果不其然，當牠們來到馬車店時，主人說：「既然一匹馬就能拉車，那我養兩匹馬做什麼？不如好好的餵一匹馬，把另一匹宰掉，也還能拿張皮。」於是，那匹偷懶的馬最終變成了一張馬皮。

這個故事就告訴我們，如果你沒有熱忱做一行愛一行，那麼你的處境就危險了。所以我們時刻都要對工作報以熱忱。但是熱忱的意思並不等同於固執，儘管這兩者在某些方面擁有相似之處。熱忱是你以熱情全心的投入一件事情，固執則是對這件事情執迷不悟，聽不進別人的意見，不肯向他人低頭，而固執之人通常是容易吃虧的。

傳說釋迦牟尼在舍婆提國時，有一個愚者站在池塘邊，看到水面上映著自己的影子，頓時高聲叫道：「救命啊！救命啊！」

附近的人紛紛趕來，問他發生了什麼事，愚者回答說：「我溺死在水裡了。」大家覺得很迷惑，問：「你不是好好的站在這裡嗎？」

不料愚者用手指著水面說：「我不是已經溺在水裡了嗎？」

眾人聽後都笑了：「那不是你的影子嗎？你看，我們的影子也在水裡呢。」

但是愚者一本正經地說：「你們也溺死在水中了，誰快來救救我們呀！」

眾人無論如何解釋，愚者也聽不進去，仍然又叫又跳，最終發狂而死。

可見，如果過於固執，迷信錯誤的道理而不知悔改，不但難以看清世界的真實面目，甚至會誤了自己的一生。一個真正賢明的人，是絕對不會擺出一副凡事都懂的姿態的，他會廣泛的聽取意見，經過深思之後，再以謙虛的態度做下判斷。古人有「聽君一席話，勝讀十年書」之說，就是指透過聽別人的議論，可以拓寬視野，增加知識，獲取經驗，增長見識，豐富閱歷，這是一種有效的自我完善途徑。而聽不進他人意見，不善於吸收他人的知識，最終也只能是受到侷限，鼠目寸光。

我們對於事物要擁有自己的獨到見解，但是千萬不要固執己見，聽不進他人的意見。因此，在聽到別人對你有「工作熱忱」的評價的時候，想一想自己是不是過於盲目的專注於自己的想法，而忽略了身邊人的聲音呢？

「你很擅長交際」

一個人善於社會交往，不光是說他待人接物語言到位，與周圍人關係融洽，有的時候，誇獎一個人善於社交還有另一層含義——能喝酒。

現代社會，似乎要想達成點什麼目的，都要到飯桌上去解決，光吃飯自然不行，還要有酒，甚至有時酒才是主力。東方人的酒文化可謂源遠流長，酒的出現更是可以追溯到幾千年前。什麼無酒不成席，酒逢知己千杯少，客人如果沒有喝醉，主人會被認為沒有盡到地主之誼等等。的確，酒作為一種交際媒介，在迎賓送客、聚朋會友、相互溝通、傳遞感情中發揮了獨到的作用，瞭解酒桌中的奧妙，更加有助於交際的成功。無外乎有人聲稱：喝酒就是社交，社交就是喝酒。

不管是遇到知己，遇到不如意，還是有人故意與你「過招」，說起來就一個字：「喝！」尤其逢年過節，正是社交最頻繁的時候，親戚、同事、同學、客

戶，哪一個都要照顧到了。平時不常見面的，也會趁機一起來個一醉方休聯絡感情。可以說，酒的作用甚至比得過你能說善道的一張嘴，你平時說的再好聽，到了酒桌上喝不了兩杯酒，那叫做「看不起」大家，會讓人喝不盡興，不歡而散。尤其職場之中，稍有不慎，就會在酒桌上得罪人。所以，如果有人誇獎你「善於社交」，這可不是什麼壞事，畢竟喝酒是社交需要，能喝酒也是一種本領。把能喝酒說成「你很擅長交際啊」，是弦外之音的第八種：委婉表揚。

平心而論，能喝酒其實算不上優點，經常聽說或是看見街邊醉醺醺的酒鬼，往往給人不舒服的感覺。這麼想來的話，能喝酒還要算作不良習慣才對。只是在特定的環境中，能喝酒就變成了長處。這也是為什麼要以「善於社交」這種委婉的方式對你進行表揚，畢竟就算說者無心，一句「你真能喝酒啊」，聽者也會覺得彆扭。所以把「能喝」變成「善於社交」，無論聽的人還是說的人都能夠接受。

酒桌上的社交不光流行於東方，在世界其他國家也都十分流行，可謂形成了潮流。與東方國家不同的是，西方國家把白酒變成了葡萄酒或威士忌，酒精含量小一些，酒桌上神智也就清醒些，但是以酒社交的本質還是沒變。

中國著名相聲表演藝術家馬季有一段相聲《招聘》，用詼諧的語言諷刺了酒桌公關現象。例如「三盅全會」「十三大（碗）精神」，以及「酒杯一舉可以可以，酒杯一端政策放寬」等等。這段膾炙人口的作品，創作於上個世紀酒桌社交現象日益繁盛的年代，那時，剛剛經歷了一系列改革政策的人們，大都還保留著淳樸本分的品質，所以對於「靠喝酒辦事」這樣的做法感到十分不妥，也因此會對相聲中的包袱笑料報以笑聲。

只是如今時代不同了，要想辦成事，就要酒桌見的思想已經滲透到了各方面，如今回頭再聽這段相聲，雖然同樣的會引人發笑，但更多的是引人深思以及會心的一笑。不過隨著人們自身修養和素質的提高，酒桌上爆粗口、高聲喧嘩等不文明現象已經漸漸消失，取而代之的是熱鬧而不吵鬧，禮貌而不生疏，逐漸形成了良好的酒桌禮儀。所以，能夠在酒桌上一展身手的人，也漸漸被視為人才。

在酒桌社交中，除了能喝酒外，還有很多「潛規則」，只有掌握了這些潛規則，才能在酒桌上左右逢源，最終達成目的。

潛規則的第一條：獨樂樂不如眾樂樂，切忌私語

因為酒桌上賓客較多，所以應該盡量談論一些大部分人都能聊得上來的話題，要避免與人小聲私語，這樣會造成對其他人不尊重的不好印象。

潛規則的第二條：敬酒有序，主題明確

敬酒是一門學問，一般按年齡、職位和賓主身分分出順序，對於有求於他的客人更是要加倍恭敬。不過要注意的是，敬酒時最好還是從長者開始。另外酒席之中，為喝酒而喝酒會失去交友的大好機會，所以不要忘記初衷，也就是喝酒的目的。

潛規則的第三條：有禮有節，語言得當

語言可以顯示出一個人的才華、修養和交際風度，有時一句詼諧幽默的語言，會給客人留下很深的印象，使人無形中對你產生好感。所以，應該知道什麼時候該說什麼話，語言得當，切忌在酒席上談論嚴肅或悲哀的話題。

潛規則的第四條：勸酒適度，察言觀色

要想在酒桌上得到大家的讚賞，就必須學會察言觀色。酒場不是戰場，不必拚命的勸酒，有的人酒量有限，有時過分的勸酒會使對方產生反感，所以應該懂得察言觀色，該收手時就收手。

值得注意的是，萬一你不慎喝醉，也要提醒自己保持警覺，因為醉酒的時候，平時刻意隱瞞的一些缺點就會暴露出來，即使你是個言行一致的人，酒後也

難免失態或是說錯話，所以一旦喝醉，最好的辦法就是乖乖閉上你的嘴巴。

不管怎樣，一旦你被上司暗示「善於社交」，那很好，首先還是要恭喜你，今後公司談生意，大大小小的酒席肯定都少不了你的份了。這時你最好再加強自己酒席上的社交本領，廣開人脈，如此一來，你離晉升也就不遠了。

職場上的黑話雖然含蓄，卻也不難理解，只要能夠認清自己，正視現實，相信你不難聽出其中的弦外之音，猜出啞謎，破解暗語。

職場活命
厚黑
心理學

第五章

辦公室心理創傷

POINT

全知道辦公室心理創傷嚴重損害人們的身心健康，整日處在壓力巨大的工作環境之中，很可能出現強迫症、抑鬱症、焦慮症等心理障礙。因此，儘早察覺到心理創傷的端倪，才能避免出現心理疾病。

超負荷工作

工作量大，時間長，節奏快，腦力工作過度使人們感到焦慮、緊張。有越來越多的職員抱怨他們頸部和腰部不適，感覺肩背疼痛、抽筋、肌肉拉緊或無力，有的還有頭暈、頭痛、記憶力下降、焦慮、失眠、緊張、免疫力降低等症狀。研究人員認為，超過正常時間的過量工作是造成「白領綜合症」的主要原因，所以不妨把這類疾病看做是「職業過度綜合症」。

他們把辦公室從業人員的職業危害分為四種：長期高負荷工作導致精神系統障礙和心血管疾病；長時間伏案、站立、久坐或工作方式不當引起肌肉筋骨痠痛；超時超量盯著電腦作業帶來的視覺緊張、視疲勞、視力衰退和精神高度緊張；還有就是密閉、通風性差的辦公場所帶來的建築物綜合症。

醫學界人士一再提醒我們：經常超時工作對人體有直接影響，持續處於疲倦狀態，短期會減低身體抵抗力，令患傷風感冒的機會大增；長期則令免疫系統能力減弱。但在職業競爭如此劇烈的今天，人們大都只能選擇超負荷工作。

某外商企業員工在年初公司的裁員中幸運留下。幾個月後，因工作受到指責，她感到壓力劇增，經常失眠，一個多月前突感胸悶、頭暈以及心臟疼痛，懷疑是得了心臟病，醫院檢查卻沒有發現任何問題。但此後她心痛次數卻越來越多。

後來心理醫生診斷，她的症狀屬於典型的「急性焦慮」，據說這種疾病近年來有快速增長的勢頭，以中青年人居多。發作時患者會感到莫名的恐懼，還伴有心臟疼痛、胸口憋悶和呼吸困難等症狀。病因主要是在對未來不確定等壓力之下產生焦慮，若性格敏感就容易出現「急性焦慮」。

此外，經常超時工作也表示沒有放鬆歇息的時間，難有消遣娛樂的機會，令職場人士在工作期間累積的壓力無從釋放，繼而誘發情緒病。

其實，以犧牲節假日和個人休息時間為代價，沒日沒夜地工作已經是白領們的流行風尚了。他們的工作強度，大大超出了常規的「敬業」標準，他們的工作壓力似乎沒有最大，只有更大。在這樣的工作壓力和工作強度下，「亞健康」

「過勞死」成了白領們熟悉的話題。某電視臺主持人談到工作時無奈地說：「都說『過勞死』可怕，我看『過勞而不死』更可怕。」

調查資料顯示，超時工作、睡眠不足、三餐不定時、壓力巨大、沒有休閒是健康透支人群普遍的生存狀態。諸如頸椎病、高血壓、高血脂、冠心病、糖尿病等本來是老年人專屬的疾患，也在這些人群中蔓延。

專家分析認為，健康透支人群患病有四大原因：一是拿健康換事業的錯誤做法；二是工作壓力大身不由己；三是都市環境污染和不良的生活方式導致免疫力和抵抗力下降；四是健康知識缺乏。

工作中充滿激烈競爭、角逐和挑戰，經常在高度緊張狀態下從事腦力活動，頻繁加班、熬夜、出差，生活不規律。這些因素很容易導致心理障礙和亞健康。

「過勞死」離我們不遠，心理障礙就在我們身邊。如果你每天工作十個小時以上，星期天也要上班，那麼就要小心自己是不是過勞了！身體的某些異常反應可能是在提醒你要休息了，讓緊張的神經和身體都放鬆一下。

真的離不開辦公室嗎？

妳還在等那個深夜不歸的男友嗎？他每天都說加班，有一天過去找他，發現深夜寂靜的辦公室，他一個人靜靜地坐在那裡，只在幫自己的電腦做「升級」。

他說，因為這個公司寄託他大半身家，坐在這裡他才感覺人生正常；或者不知何時，你發現自己離開辦公室的時間越來越晚，從晚上七點到九點，最後當你每天都習慣十一點做最後一個關燈的那個人時，你有沒有想過，其實，你是患上了「辦公室依賴綜合症」。

從最基層的職員做起，能夠在五年裡一路高升，做到這家公司的合夥人，別無他故，全憑著一往無前的衝勁和毅力，別人做夠八小時，她一定要做夠十八個小時，每天八點準時到公司，晚上十二點甚至凌晨才離開這座大廈。她對新人後輩常說的一句話就是：「勤能補拙」，一個人的時間用在哪裡是可以看得見

的。是的，她的成就有目共睹，但是卻落得病痛纏身，頸椎、腰椎都發生嚴重問題，還有，老公因為永遠要到辦公室找她，索性出軌去尋求個人快樂，孩子見了她不親，只和家中保姆相依為命。深夜坐在辦公室寬大的皮椅上，她忽然淚流滿面。

而另一位的工作比較特殊，做的是外貿行業中的諮詢工作，專案操作中的不可知因素極多，隨時可能會有意外發生。

往往是他勞碌一天剛剛到家，老闆一個電話又Call他回去加班，可能是競爭對手做的標書比他們更齊全完整，也可能是忽然有個大客戶從天而降，還有可能僅僅是糾正他報告中的若干資料。

長久下來，他養成了下班後也仍然待在辦公室的習慣，不為別的，就怕自己的手機不定時響起。他的腦子隨時保持緊繃，時間一久，患上了神經衰弱、失眠、頭痛、心臟莫名其妙地抽搐，總是在擔心著什麼卻又不知道是什麼。

他則習慣以辦公室為家，整天對著自己的電腦，戴著耳機寫寫畫畫，白天他委靡不振，人多他煩躁不安，一等到同事陸續下班離去，他才分外有精神。要嘛是在網路上與網友聊天，要嘛是去自己的私人論壇裡衝人氣，甚至趴在地上做俯地挺身。他覺得辦公室就是他一個人的星球，拒絕別人介入，也拒絕改變。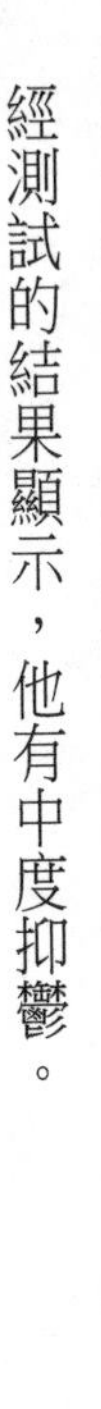經測試的結果顯示，他有中度抑鬱。

他們都成為了「工作狂」，內心缺乏寄託，不是被工作本身驅使，就是被欲望驅使，生活被刻板量化、物化。但他們生活得不快樂，或者說他們身心都不太健康。

要改變一個「工作狂」最直接的辦法，就是使他與工作分離，這樣他才能有足夠的時間去重新思考生命的意義。如果你過分沉溺工作，那麼建議你不妨去辦一張健身房的會員卡，體貼的私人教練會循循善誘地喚起你對身體的注意，你會發現：除了工作以外，原來練出馬甲線、誘人小蠻腰也是這麼有成就感的一件事。一定要培養自己良好的心理素質，區分開工作和個人生活，否則長期的自我消耗，會拖垮一個人的神經。

如果你是一個以辦公室為家的人，那麼要學著從辦公室正常撤退了：下班前提前梳理好一天的工作，把做完與沒做完的事都隨手記錄在紙上，這樣可以放心離開，不至於第二天手忙腳亂。

下班了就是下班，要調節好自己的心理轉變，不要過多地沉溺在白天的工作環節中，要充分放鬆自己。事先與老闆和同事說明，自己習慣下班後關機，不要隨時隨地被工作打擾，好好利用下班時間去感受生活；培養自己業餘的興趣愛好，最好是與工作差距比較大的，不要讓工作成為生活重心；不要形成習慣性加班，長時間疲憊加班，需要及時與老闆溝通，提出自己的休假計畫；給自己放個階段性的長假，去學學做手工，上個外語班，做義工或者去旅行等。

你有老闆恐懼症嗎？

「我害怕他辦公室的窗簾拉開，害怕看到他的轎車停在樓下，害怕他健步朝我們走來，害怕他單獨找我談話。」你可以在各大論壇上看到，「老闆恐懼症」已成為困擾白領的新型心理疾病。

大學畢業後，溫蒂進入了現在就職的這家廣告公司，擔任文案一職。雖然每月薪資不錯，但壓力也非常大，幾乎每個禮拜都在為新的創意絞盡腦汁。工作一年之後，儘管交出的文案依舊非常出色，但對自己要求很高的溫蒂逐漸感到有些力不從心。

最可怕的是，溫蒂患上了嚴重的「老闆恐懼症」。剛進公司的時候，為了便於區分，她在手機上為不同身分的人設置了不同的響鈴，以前每當屬於老闆的鈴聲響起的時候，溫蒂會覺得精神一振，然而現在，鈴聲卻似「緊箍咒」一般，

總是讓她渾身一驚。

「每次聽到老闆的來電，我都要深呼吸才敢接。」溫蒂苦笑著說道。發展到後來，溫蒂聽到老闆的聲音都會覺得神經緊張，每次路過老闆的辦公室，她都躡手躡腳，生怕被老闆發現然後被叫去談話，開會的時候，也盡量選擇離老闆最遠的位置，並始終低著頭，不讓目光與老闆交流。老闆也發現了溫蒂的異常，他試圖與溫蒂進行溝通，但溫蒂躲躲藏藏的表現讓談話最後以失敗告終。

小高大學念的是工科，主要研製混凝土，畢業後進入一家私人企業，在實驗室上班。由於同事不多，他經常與老闆獨處，老闆是一個嚴謹且不苟言笑的人，使得原本就性格內向的小高常常覺得壓力很大。

一次在做實驗報告的時候，小高由於粗心將一個資料寫錯了，因此導致計算結果千差萬別，這個錯誤遭到了老闆的嚴厲批評。從那之後，小高只要看到老闆就覺得渾身不自在，到後來，竟然出現了「上班恐懼症」。

每天早晨想到要跟老闆面對面工作，小高就覺得頭痛、肚子痛，要上好幾次廁所才能夠出門。到了公司也會焦慮不安，不想和任何人說話。一旦下班鈴響，他就如釋重負般長舒一口氣，精神百倍地安排剩餘時間。「我最盼望的就是

生一場大病，這樣就可以名正言順地不去上班了。」小高的內心話讓親友們都很擔心。

他們都患上了「老闆恐懼症」，這是一種情緒障礙，主要是由工作壓力引起的，此外還在於個人自我心態的調節。一般來說，遺傳因素造成一些人容易患上「老闆恐懼症」，即遺傳性的性格脆弱，天生緊張而顯神經質，這種人容易患上「老闆恐懼症」；當一個人無能力解決自身承受的精神壓力時，也易患「老闆恐懼症」。

人格因素的影響也是患上「老闆恐懼症」的一個原因，如從小內向、孤僻、膽小怕事等，以致長大工作時，面對上司便會產生對上司的畏怯心理。

「老闆恐懼症」患者大多發生在要求必須有自控能力的管理工作階層，也即我們稱為白領階層的那一類群體，多為二十二歲至三十五歲的年輕人。他們大多剛剛畢業，爭強好勝、喜歡挑戰，同時，對自己的事業有較高的期望值。他們多會因為沒有能力解決自身承受的精神壓力而患上「老闆恐懼症」。

作為一種心理疾病，任何恐懼症都是可以治癒的，「老闆恐懼症」也不例外。但是根據資料顯示，在患有心理疾病的患者當中，僅有百分之二十三的患者有接受治療。也就是說，對於絕大多數患者來說並不是能不能醫治的問題，而是是否意識到自己患上了心理疾病，以及願不願接受治療的問題。大多數人在遭遇這些心理疾病時，特別是男性，往往認為只是自己過分脆弱無法面對現實，不是什麼疾病，進而忽視治療。

如果你覺得自己已經患上了「老闆恐懼症」，又沒有嚴重到需要去看心理醫生的地步，那麼就要學會自我調節。首先要拋棄「不宜與上司過多接觸」的觀念，也不要怕在上司那裡「碰釘子」，當上司反應不佳的時候，要及時判斷問題究竟出在何方。應該注意的是，履行自己的工作職責是最關鍵的。你應該十分清楚，完成任務才是上下級關係的「本」，心理感受是上下級關係的「末」。

做好自己的本分工作，比進行任何努力去設法調整與老闆的關係更重要。同時要盡可能地多與上司溝通，在不斷的溝通中增強自信。

微笑抑鬱症

上班時笑靨如花，下班後想笑卻怎麼都笑不出來。如今，工作壓力使得不少白領患上了這種「微笑抑鬱」的心理綜合症。雖然內心深處感到非常壓抑與憂愁，卻必須在表面顯得若無其事，面帶微笑。

抑鬱症在人們的印象中，通常意味著「垂頭喪氣」「無精打采」「思維遲鈍」「滿面愁容」，抑鬱和微笑似乎風馬牛不相及。但實際上，有少數抑鬱症患者內心深處感到非常壓抑與憂愁，表面卻若無其事，面帶微笑，醫學上稱之為「微笑抑鬱」，尤其以服務行業的職業微笑為典型。

很多時候，患者這種微笑不是發自內心深處的真實感受，而是出於「工作的需要」「面子的需要」「禮節的需要」「尊嚴和責任的需要」。微笑抑鬱常見於那些學歷較高、有相當身分地位的、事業有成的白領女性，特別是高級管理和

行政工作人員。患上「微笑抑鬱症」的年輕白領，一部分是由於整日地把微笑掛在臉上，不開心的事全往自己肚裡吞，日積月累造成不滿情緒過剩；還有些人吝嗇微笑，終日以冷眼對人。

小妍是一位美麗的導遊，在學校學習專業課時，有專門的微笑練習。因為工作需要，她要時刻以最陽光的姿態面對遊客，提起他們參觀的興趣，對他們千奇百怪的提問也要有問必答。

長期的微笑習慣和滔滔不絕的介紹，讓她回家後根本不想說話，也懶得動，心裡很毛躁，時常對著家人發牢騷。雖然作為導遊來說，微笑迎人是職業準則，但是有時承載在她們心裡的苦惱卻無法立即化解，在無礙原則的前提下，她們必須盡量滿足遊客的要求。

有幾次她實在認為他們的要求太無理取鬧，稍微言辭尖銳一些，他們就要向她的上司投訴，弄得她進退兩難。最後只能忍氣吞聲地照著遊客的想法做事。

上司說，客人總是對的。所以在工作時間內，她除了服從還是服從，除了微笑還是微笑，實在很痛苦，有時下班之後真會覺得連肌肉都抽筋了。家人總是責怪她怎麼和工作時判若兩人，她自己也不清楚原因，整個人像戴著個面具一樣，一張笑臉人，一張苦臉人。這樣工作和生活不僅累著自己，別人看著也累。

如何才能讓這些「雙面佳人」擺脫微笑抑鬱症？要知道，心情好的時候，微笑是最好的裝飾；心情不好的時候，微笑是最好的掩飾。

學會不要讓微笑成為負擔。假如透過測試表測出你患有中度或重度的「微笑抑鬱症」，建議你儘早接受治療。如果只是輕度的「微笑抑鬱症」，可透過各種放鬆活動、運動來釋放，一般能很快痊癒。

如果一個人能持續每天運動半個小時，那麼即便是患有抑鬱症，也會很快減輕。因為鍛鍊能給人輕鬆、自主的感覺。身體的活躍能有效地清除情緒壓力，而身體的健康也能指引人的神經系統向好的方向發展。

生活在「水泥叢林」中的人們，應該經常到公園走走，經常去野外踏青，多多接觸陽光和綠色植物，大自然具有神奇的放鬆心情的力量。

此外，讀書能使人心靈寧靜，心境高遠，是對抗抑鬱情緒的一劑妙方。在工作時間抽出幾分鐘來背誦自己喜歡的詩歌或散文，在工作休閒時多看看自己喜歡的書籍，是很不錯的方法。

音樂也可以幫你減輕抑鬱，選擇的曲目宜以興奮、激情到活躍、歡快類音

樂為主，柔和、優美類音樂為輔；如果是以抑鬱引起的失眠為主要症狀，則應以平穩、柔和的催眠音樂為主。

心靈解壓要學會超脫，學會自得其樂，讓自己的微笑發自內心，如春風化雨，在溫暖他人心田的同時，也為自己帶來一個燦爛的好心情。

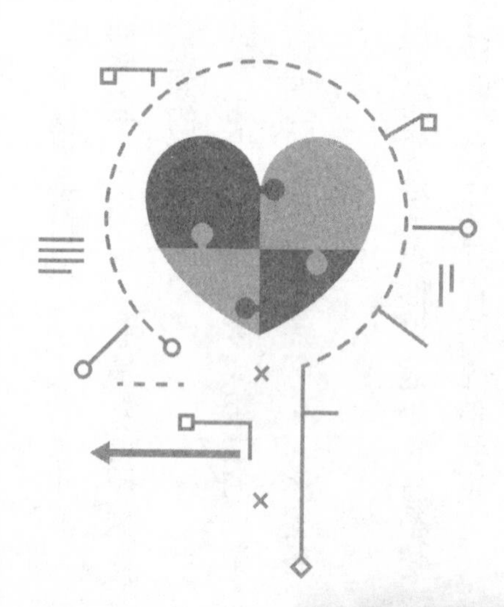

倖存者綜合症

還記得二○○四年耶誕節翌日印度洋發生震驚全球的大海嘯嗎？它頃刻間便奪走了數國十多萬人的生命，使數百萬人流離失所。海嘯過後，有心理專家警告說，印度洋地震的倖存者正在面臨一系列的心理疾病由於感到自己倖存下來而同伴卻相繼死去的「罪過」，倖存者很可能面臨自殺的危險。

「面對這樣類型的巨大災難，總會有百分之六到八遭到心理創傷的倖存者最終選擇自殺。」這位心理學家說。

這讓人聯想起美國遭受「九一一」恐怖襲擊後的情形。經歷了襲擊事件的紐約市民承受著巨大的精神傷害和心理壓力，不少人患上各種奇怪的精神疾病，自殺案件屢屢發生。這一事件帶來的心理陰影至今仍未能完全消除。人類是最富有情感的動物，也正因如此使得人在面

臨災難性突發事件時會表現得無比脆弱。有心理學家把災難的經歷者出現的種種病態稱為「倖存者綜合症(SurvivorSyndrome)」。我們現在要談的是企業中的「倖存者綜合症」。

組織行為研究者奧尼爾與萊恩曾發表論文指出，工作沒有安全感使人們遭受莫大的工作壓力，出現憤怒、焦慮、嘲諷、怨恨、屈從、憤世嫉俗、過度疲勞、消極怠工，甚至辭職等一系列情感現象。後來其他學者又增加了超負荷、士氣低落、精疲力竭、無效率和易衝突等表現。而裁員，是組織中能導致「倖存者綜合症」的最普遍的突發事件之一。通常情況下，裁員事件後的倖存者會有積極的心理感受，因為他們畢竟保住了工作，感到應當更加珍惜生存的機會。但是事件也會增加不確定性和不安全感，使倖存者對前途充滿疑慮。

「倖存者綜合症」出現的根本原因是，雖然那些沒被解雇的員工是很幸運的，因為他們的投入（努力工作）得到相應的產出（被雇用），他們理應感到高興才對，但是他們會將自己得到的產出與被裁掉員工得到的產出（被解雇）相比較。

在對整個裁員過程不瞭解，尤其是在裁員的消息是突然之間傳達給他們的情況下，一種不公平的感覺便會產生：所有的員工都是同樣的投入，可得到的產出卻是迥然不同，一部分人被解雇，另一部分人倖存下來。

透過比較，那些有幸沒被解雇的人很容易得出一個結論：無論自己如何效忠於公司，將來的某一天很可能也會被裁掉！這也就是「倖存者綜合症」的主要原因。因此，要想防止「倖存者綜合症」的發生，必須使留下來的員工消除對可能被裁掉的顧慮。在當前激烈的競爭環境中，企業裁員有時是一種迫不得已的手段，可能被裁掉是一件不可預測的事情。因此關鍵是讓員工知道雖然有可能也被裁掉，但對裁員不再感到恐懼。

如果所有員工都清楚公司裁員的動機是對公司整體有利的，相信即使自己被裁掉也會受到公司很好的待遇，那麼那種恐懼感可能便會消失。

透過全方位的措施，使所有員工都能夠及時地、完整地從他們所信任的資訊管道，得到關於裁員的盡可能多的消息，使他們瞭解選擇被裁員工的標準及過程，使他們積極主動地參與到裁員的整個過程中，使他們看到公司是如何好好地安撫被裁掉的員工，這樣「倖存者綜合症」就會大大減少。

「倖存者綜合症」的出現與裁員是否公平高度相關。公平理論認為，每個

人會將自己的投入產出比率與別人的投入產出比率作比較，如果他認為自己的該比率與他人的該比率不相等時，不公平感便產生了，即所謂的「不患寡而患不均」。

對很多裁員來說，企業不但沒有增效，反而因士氣低落而減效。這主要是因為這些公司更多地把注意力放在該如何安撫被裁掉的員工，而忽略了那些倖存下來員工的消極反應。因為目睹「悲劇」的發生，留下來的員工可能出現情緒低落、焦慮、恐懼、消極怠工等情緒，進而影響工作效率。事實上，他們是更需要關注的。

對於壓力巨大、恐懼裁員的你來說，既然你還在這個單位，就說明你的能力得到了認可。而那些被裁掉的同事，也並非你的過錯。你要相信，只要自己有能力，就不怕裁員，任何時候都不用害怕。一定要試著作出心理調整，消除心有餘悸的感覺，回到正常的生活中。

知識焦慮症

人類的心理疾病，並沒有隨著醫學與心理學的發展而令人欣慰。相反的，科技與文明把人的心靈變得更為擁擠和孤獨，所謂的「知識焦慮症」也是這個時代的產物，是一種焦慮症的異化形式，這種精神病學疾病又叫「資訊焦慮綜合症」。

在資訊爆炸時代，人們對資訊的吸收是呈平方數增長，但面對如此大量的資訊，人類的思維模式遠沒有高速到接受自如的階段。由此造成一系列的自我強迫和緊張，於是知識成為焦慮的新來源。

過量地吸收資訊，並非是一個主動意識，在大多數情況下，是一個被動的行為。從日常生活上看，每天連續看電視、聽廣播的人和每天都泡在圖書館或上網查閱資料的人都很容易引發焦慮。

從職業來講，這種疾病流行於每天都要面對高度壓力與挑戰性的工作環境或職業中，如外商企業、淘汰率高的企業，而記者、廣告從業人員、資訊員、網站管理員、IT從業人員等都可能是該症狀的高發人群，而且多集中在二十五到四十歲的高學歷者身上。

焦慮不僅使他們心理壓力大，甚至在沒有任何病理變化和任何器質性改變的前提下，突發性地出現噁心、嘔吐、焦躁、神經衰弱、精神疲憊等症狀，女性還會併發停經、閉經和痛經等婦科疾病。如果不懂得適時地放鬆和調節，將會對你的精神及生理造成傷害。

求知慾使人類渴望把更多非我的東西轉變成自我的東西，這一方面符合人類進步的需要，但另一方面，現代社會非我的知識確實無限浩大。未知的知識就像黑暗對於孩子，對未知的恐懼感使現代人承受著更多的心理壓力，甚至造成不必要的「心理擁擠」，就像一個無形的殺手，時時侵蝕著人類的健康與生存。適度焦慮對人有利，但長期處於焦慮情緒中就有害處了。

小楊的工作壓力很大，但是每週二、週四以及週六晚上，他都要去上課，還忙著參加軟體碩士在職研究生的考試，時間一天天在逼近，工作，上課，應酬……每天晚上回家還要花幾個小時看書，真的覺得很累。有時候，白天的程式還在腦子裡轉來轉去，又要想著上課的內容，加上有幾分饑腸轆轆，這種感覺讓他的神經繃得緊緊的。他最希望做的事情是馬上回家倒在床上，什麼也不想……不過不行，他一直告訴自己，生活就是這樣，你在這裡鬆懈，別人就會跑在你前面。

他在一家電腦部任軟體工程師，有不錯的工作環境，年薪也有上了七位數。在旁人看來，他這麼拚命有點自虐，但他沒辦法不這麼想：「在軟體業，似乎每天都會有新鮮的東西出現，我有時想，也許有一天早上，我醒來，那些曾經熟悉的程式突然變得如此的陌生，我被這個行業拒之門外，再也無法跨入。」於是，整天處於緊張狀態的小楊就這樣強迫自己不停地學習。像小楊這樣工作以後還繼續考證照、學習的大有人在。

知識越來越重要，社會環境不斷地刺激人們去吸收各種知識。如果這種學習不情願，又強迫自己去做，就容易產生焦慮情緒。

預防和緩解「知識焦慮症」最重要的是需要「自知」，要瞭解自己的興趣、特長、能力，端正心態，不要好高騖遠，最好對自己的工作有一個中長遠計畫，

按部就班地實踐。求知欲和上進心是好事，但不能盲目，要針對自己的工作性質和發展目標，選擇好對自己真正有用的資訊，再去吸收學習。

心理學家提醒人們，「知識焦慮症」本身並不可怕，只要學會放鬆，每天進行適量的鍛鍊和娛樂，並且保持規律的生活，就可以有效緩解症狀。你也不用擔心它會轉發為精神疾病，只要你能意識到它發病的原因並正確對待治療，還是可以得到有效緩解的。

心理學家提供了一些治療方案：每天要保證睡眠九小時；每天接受資訊的媒體不超過兩種；每天的工作要事先列出計畫，盡量減少意外情況的發生；每天睡覺前堅持鍛鍊十五分鐘；生活要有規律，減少娛樂，嚴禁飲酒。

心理疲勞更可怕

在這個快節奏的時代中，隨著社會的競爭更加激烈，工作壓力的加大，越來越多都市人都能感到身心疲憊。工作壓力所帶來的心理疲勞，為都市人帶來了新的心理危機。根據心理專家研究指出，職場心理疲勞主要表現為厭倦工作、不願起床、上班遲到次數變多、處理公務時心情煩躁、注意力渙散、思維遲鈍、反應遲緩、遺忘率增加等症狀。

根據調查還顯示，從高層管理人員到專業人員，再到體力勞動者，有百分之六十八點二的人，正面臨著較大的工作壓力，其中有百分之五十八點五的人，身上正顯現出不同程度的心理疲勞，職業人的健康狀況令人十分擔憂。專家的分析指出，都市人由於經常坐在辦公室，經常會有腰痠背痛的毛病，還有一些特殊工作帶來的職業病，身體上的疲勞會

引起心理上的疲勞。

企業對於多元化人才的需求提高，未來職場的不確定性，在很大程度上給員工造成了壓力；另外，在個人奮鬥目標遇到發展瓶頸時會產生心理疲勞。調查顯示，由於白領女性壓力不比男性小，而所承擔的社會責任和壓力卻比男性大，所以白領女性身心更容易疲勞；在面對工作壓力上，女性更容易表現出情緒上的疲勞反應。而這種種的疲勞和壓力，最終導致了對職業的疲倦。

下午三點，凱瑞在椅子上伸了個大懶腰，一邊攪拌著即溶咖啡，一邊尋找一個可以眼神交流的對象。但是離他最近的喬恩，正面無表情地盯著電腦螢幕，很久都沒動；隔壁的懷特握著新買的智慧型手機，一滑一滑地進行著手指運動；不遠處的茱莉一邊嚼著口香糖一邊接著電話，嘴裡不是肯定詞就是否定詞……只有瑪麗無精打采地抱著一疊檔案朝經理室走去，還沒敲門，背就疼到已經挺不直了……想想看，對於工作，你累了嗎？你的辦公室中有這樣的情形嗎？你的同事或者你自己，有沒有這樣的表現？如果有，那麼你需要警覺了。

這種消極、頹廢的不良狀態，讓人們逐漸走向深淵。在這種缺乏激情和創造力的狀態下，我們會陷入平庸：原本熱情如火的奮鬥心情，到頭來只剩下對薪資獎金的計較與抱怨；原本創意十足的工作靈感，如今已轉變成準時下班的機械模式；原本真誠執著的處世心態，也不知不覺被馴化得卑微而麻木

有些人冥思苦想之後，選擇了換工作、跳槽甚至是放棄工作改做別的事情，這當然不是好辦法，因為你渾渾噩噩的工作態度，無時無刻影響著你。換句話說，這種惡劣的態度決定了你的命運。

一個被炒過十幾次魷魚的人曾經這樣說：「每次換到新的工作環境，我總是很興奮，然而時間一長，這種興奮便會被厭倦所替代，回復到得過且過的工作和生活中，我覺得我簡直是無可救藥！」看到了吧，當你產生心理疲勞感時，並不是換一份工作就可以解決的。時間長了，你照樣會對新工作厭倦。根本的解決辦法，是從心理上消除疲勞感。而它可以透過自身的免疫和調節，重新煥發工作的激情與靈感。

如何才能克服職場心理疲勞呢？專家認為，主要是增強人的心理衛生和心理健康水準。

首先，學習心理衛生知識，增強自我保健能力和意識，在個人、家庭、群體、社會上形成關注身心健康的氛圍，進而獲得多種途徑和有效方法減少心理衛生問

題的發生；其次，進行心理衛生的自律訓練、性格分析和心理檢查等，提高你的心理承受能力，放鬆自己，緩解緊張情緒，始終以平和自然的心態參與生活和競爭，能夠經得起未來人生道路上的風風雨雨，進而幫助你克服身心疾病，提高健康程度。

心理學的一條定律是這樣：「人在大部分時間伴隨的心態，會成為人的主要心態，影響人一生的命運。」換句話說，如果人每天大部分時間的心態是積極的、認真的，那麼人一生的主要心態都是這樣，遇到困難也很容易調整自己，做起事來又快又好。相反，如果人在每天的大部分時間都是渾渾噩噩、得過且過，那麼他的一生將會伴隨消極、頹廢的心態。想想看，如果對自己正在做的工作都沒有激情、感到厭倦，還談什麼職場競爭力呢？這種消極的負面情緒必然會對你的工作業績產生影響，但這種心理危機並不可怕，只要你能意識到並且刻意地避免，相信你一定可以重燃工作激情的。

身心俱疲，職業枯竭

在辦公室裡，最恐怖的不是辦公室政治的鉤心鬥角，也不是老闆在你背後的苛責怒斥，更不是與同事說不清道不明的曖昧關係，而是你忽然患上了「職業枯竭」的怪病，是你自己打敗了自己。

所謂職業枯竭，是指在工作壓力下所產生的一種身心俱疲的狀態。一九六一年，一本名為《一個枯竭的案例》的小說在美國引起轟動，書中描寫了一名建築師因工作極度疲勞，喪失了理想和熱情，於是便逃往非洲原始叢林。從此，「枯竭」一詞進入了人們的視野。

「職業枯竭」是世界範圍內的普遍現象，國外早在七〇年代就開始研究。在「職業枯竭」逐漸成為流行病的今天，大多數人對它還缺乏深入的瞭解，也缺乏應對的能力。但是這樣的情形，現在越來越多在我們身邊上演著，現在社會已

經進入「職業枯竭」高峰期了。在一份報告裡指出，人們特別是中年人對自己長期從事的職業，會逐漸喪失創造力，並且伴隨著價值感的降低，越來越感到身心俱疲。

根據「國際心理學大會」的資料顯示，「職業枯竭」有其特殊的高危險族群，主要包括助人工作者、工作投入者、高壓力人群以及自我評價低者。從事心理事業的心理諮詢師，因其工作為助人性質，反而是最容易罹患職業枯竭的行業，占總比重的四十；其次是教師，占二十，此外還有新聞工作者、員警和醫護人員等。這不得不說是種悲哀，心理諮詢師通常是解除他人心理疾病的醫療者，可是他們居然成為現如今最為嚴重的心理問題的主要發病族群。

觀察其他的高危險族群，我們發現，他們大都具有很強的腦力勞動背景，日常工作往往要求極高的創造力，並且都承擔著相當大的社會責任，付出的不僅僅是智力，還有更多的情感和愛心。

職場枯竭的表現各異，但一般情況會有六個主要特徵，主要表現為：生理枯竭；才智枯竭；情緒衰竭；價值衰落（表現為個人的成就感下降，自我評價也在降低，覺得自己做什麼工作都做不好。工作效率低，容易出錯。導致工作積極性的一再降低，形成惡性循環）；去人性化（人際交往中的消極、否定、猜忌和不信任，這種態度既有對同事的，也有對家人的）；攻擊行為（攻擊有兩個方向，一是對別人的攻擊行為會增多，比如說人際摩擦增多，會在極端的情況下出現打罵無辜人的情況；另外一種攻擊是指向自身，出現自殘行為，甚至在極端枯竭的情況下會出現自殺）。

就一般人而言，如果你在職場中有感受到下面這樣的一些問題與困惑，那麼就說明你的職業枯竭期即使不在眼前，也為期不遠了。情況是：角色模糊，不知道自己究竟在做什麼，怎樣做；人際危機，無端擔心自己的人際關係，進而影響到對自己工作的滿意程度；職業發展，困惑自己究竟會走向何方，對前途缺乏信心；組織結構，開始抱怨所在單位的人事、組織結構，將責任歸咎於同事；家庭關係，家庭不再是紓解壓力之源，反而加重了心理的負擔等。

職業生涯中，人們大首先都會經歷一個與自己所從事工作的「蜜月階段」，年輕的理想，刺激著新手們，他們覺得有充足的精力和工作滿意度。緊接著是進入適應階段，最初的熱情開始褪去，人們真實地面對高度重複和固定的工作環境。然後是慢性階段，疲勞症狀、生理疾病、憤怒和抑鬱陸續出現，人們感到自信心不足。而到了最後一個階段，「撞牆階段」裡，個人無法繼續工作，出現嚴重的心理衰竭狀況。

在經歷了上述的幾個階段後，衰弱的感受緊緊地抓住了人們，疲勞成了大家最明顯的生理上和心理上的感受。

職業枯竭除了容易出現因業績差、熱情下降而帶來職業道德缺失、消極怠工等狀況外，還容易引起家庭危機。日益強化的社會壓力對我們是無可消除的，社會的發展是一己之力無法控制的我們無法改變社會的進化，但可以調整狀態，使自己更好地適應社會。

如果想要擺脫「職業枯竭」，或者預防「職業枯竭」的發生，不妨承認你的感受，認識到它是真實存在的評價環境；然後採用管理時間和資源的方法，安排好自己的工作和生活；若壓力過大，就取消一些事情保護自己、避免困倦。

善用「負面情緒」

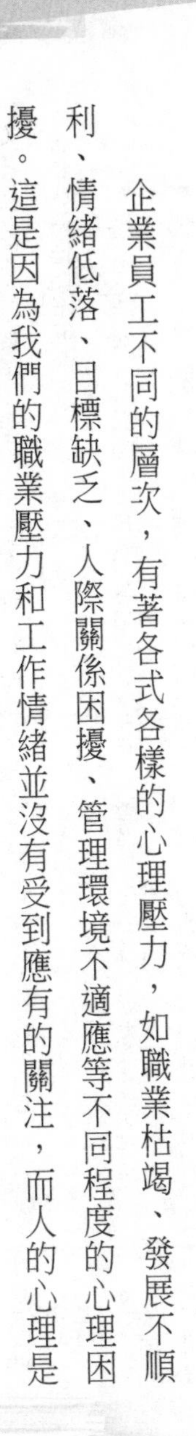

企業員工不同的層次，有著各式各樣的心理壓力，如職業枯竭、發展不順利、情緒低落、目標缺乏、人際關係困擾、管理環境不適應等不同程度的心理困擾。這是因為我們的職業壓力和工作情緒並沒有受到應有的關注，而人的心理是最脆弱也是最隱蔽的。

不過，情緒沒有好壞，只是有沒有效果的問題。現在讓我們重新來看一看某些常見的負面情緒，考慮一下它們可能為哪些積極的目的服務。

▼生氣：高能量的情緒，可以被用來幫助我們作出反應並採取行動，可以使我們克服那些原本不能逾越的障礙和困難。它經常與我們不喜歡的情況相連在一起，它為我們提供能量，使我們採取行動對這些障礙和困難作出反應。生氣就是「鼓氣」，一鼓作氣才能成功！

▼悲傷：一種能促進深沉思考的反應，能更好地從失去中取得智慧，進而更珍惜目前擁有的。

▼後悔：找出一個得不到最好效果的做法，提醒我們，要找出一個更有效果的做法，同時讓我們更明白內心的價值觀排序。

▼左右為難：說明內心的價值觀的排位尚未清晰明確。

▼恐懼：一種高能量的情緒，恐懼可以提高神經系統的

▼靈敏度：並能使意識增強，這對我們提高對潛在問題的警覺性很有幫助。它可以使我們獲得本來不能得到的資訊，還使我們具有迅速作出反應和在必要情況下逃避的能量。

▼無可奈何：已知的方法全都不適用，需要創新與突破思考。

▼內疚：這是一種與評估是非對錯連在一起的情緒。如果我們沒有其他的方式評估與價值有關的行為的話，內疚可以限制我們的行動選擇範圍。現在我們明白了這個道理，我們就能用更富有建設性的評估方法來取代內疚。

▼緊張：太好了！讓我們有額外的能力去保證成功。

▼害怕：不甘願去付出本來自己認為需要付出的，或者覺得付出的大過可得

到的。它使我們對所期望的東西，重新進行評價及對實現期望所採取的方法進行重新調整。

▼慚愧：一件表面上已經完結的事，但還需要再採取一個行動的部分。

▼失望：發生在所期望的目標已確定，但又沒有實現的時候，是一種能促使對期望作出重新評估及對實現期望目標所採取的方法作出重新調整的信號。

▼討厭：需要擺脫或改變的提醒信號，提醒我們找出改變及擺脫的方法。

▼憤怒：一種高能量的情緒，可以充分調動身體的能量，準備對一個不願接受的狀況作出改變的行動。

▼壓力：是轉變為動力前的準備，就像彈簧一樣，壓得越低彈得越高。

▼憂慮：一種高能量的情緒，它把注意力集中在一個就要發生，但後果令我們擔心的事件上。讓我們處於精力集中的狀態並將其變成興奮，為我們提供為該事件做好準備的能量。

▼痛苦：使我們能避開危險，並提升人生經驗的信號。

列舉上面這些是為了讓你明白，每個負面情緒其實都是給人一份推動力，推動我們去作出行動。這種推動力或者是指出了一個方向，也可能是給予了一份力量，有的幾乎是兩者兼備。也許我們所認定的負面情緒沒有我們所認為的那樣討厭。事實上，它們都達到了非常重要的作用，是完全值得我們予以重視的，別忘了情緒本身就是一種動力。

既然問題不在情緒本身，就要看你如何去拓展你情緒上的選擇空間了，也就是情緒運用的能力。如果你感到你在情緒上沒有選擇的餘地，那麼，負面情緒似乎往往要佔上風，它將主宰並控制你的思想及行為。當你有了情緒上的運用能力時，你就能對這些情緒產生新的想法並賦予它們新的價值。

既然我們無法避開那些令人不愉快的感覺，那就相信所有的情緒都是為我們服務的。所謂的負面情緒，大多數都是把我們的注意力轉移到了生活中那些不順心的事情上。如果你往積極正面的方向想，它就可以幫助我們弄清楚事情並找到解決困難的方法。

雖然我們無法選擇發生的事情，但我們可以選擇我們的情緒狀態；雖然我們無法調整環境來適應自己的生活，但我們可以調整情緒來適應一切的環境。工作中的負面情緒可以給我們帶來困擾，但同樣也可以為我們所用。

第六章 辦公室情緒調節

POINT

調節好工作情緒，才能以飽滿的精神融入職場，進而高效地完成任務。一個視辦公室為地獄的人，怎麼可能塌下心來工作。久而久之，必將出現心理疾病。因此，既然無力改變環境，那麼就要學會欣然接受，把自己的情緒調整到最佳狀態，枯燥乏味的辦公室在你眼中就會變成天堂。

辦公室心理焦慮症

職場中，管理者的焦慮來自於對發展和前途的過分思慮，中層管理者誇大了自己在公司中的競爭壓力，年輕職員更多地是對自己的生存焦慮。總之，人人都在談焦慮，大多數人會表現出焦慮的症狀。

焦慮其實往往是自信心不足的表現。因為自信心不足，所以會擔心出現自己控制不了的局面。其實很多時候人們焦慮的東西永遠都不會來，焦慮不等於就一定會有不好的事情發生。陷入焦慮的人往往性格比較軟弱，自信心不足，焦慮是他在面對巨大壓力時的一種應激反應。

焦慮情緒本身是對人起到保護作用的，當你感覺到危險臨近的時候，你會因為焦慮而作出反應——是逃跑還是應戰。如果一個人完全不懂焦慮，他就會讓自己置於危險之中，那也是一種嚴重的心理疾病。但問題是大多數時候，我們對物件的焦慮完全超出了理性的範圍。

職場人士焦慮情緒比較嚴重當然與環境壓力是有直接關係的，每個人都面臨著發展和生存的壓力，就業的壓力，經濟發展的不平衡也造成了很多人的經濟壓力，現實的壓力是如此的明顯，使正在經受這種壓力的人和沒有經受的人都在擔心：現在我的收入很好，身體也很好，但萬一我失業了呢？萬一我病了呢？……於是不安全感產生了，對前途的不確定感時時侵襲著內心，好像只有拼命才能換得安全。經常是月收入幾百元的人高高興興生孩子，並不擔心養不活，而月收入幾千元的人卻不敢生孩子，說是自己怕養不活孩子。

問題就在，同樣的環境下你很焦慮，但別人會不那麼焦慮，他們會分析自己的處境，適時地作出調整，讓自己生活得輕鬆。這既體現了一個人的心理健康水準的不同，也和遺傳特質有關。適度的焦慮會給人改變生活狀態的勇氣和動力；過度的焦慮就會讓人失去生活的樂趣，使身心都遭到損害。

心理專家認為，焦慮和克服焦慮同樣是人的原始本能，每當人們感覺到劇烈焦慮的時候，總要幹些什麼來抵消焦慮。這個抵消就是表現出來的症狀。適當的焦慮可以催人奮進，過於苛求只會令身心健康受到影響，要願意以積極向上的

一面來迎接新的工作，消極逃避只會適得其反，找到原因，下定決心改正才是真理。但是不管怎樣，焦慮這種情緒本身都不怎麼讓人舒服，焦慮引起苦惱和自我否定，使得自己變得很自卑很無奈。如果你遭遇「職場焦慮期」，該怎麼做呢？

關注自身的資源。在面臨焦慮時，不要被暫時的外在環境所困擾，可以允許自己有一段時間做內省，進行自我分析。分析包括自己具備的資源優勢、興趣和喜好、性格特點等方面。客觀分析環境。透過網路或向身邊的朋友諮詢，分析就業環境和企業方對職位和用人的要求，如技能上的要求，性格方面的要求。結合自身資源優勢，給自己確定一個切實可行的目標，並制訂具體的行動計畫。

評估差距，彌補不足。結合自己的目標，評估自己的差距。如果自己在技能或知識方面有所欠缺，可以採取一些短期的培訓，如語言、電腦等方面的培訓，讓自己能夠在短期具備一些基礎的技能，彌補不足。

樹立自信心，積極應對挑戰。經由對自身的分析，環境的分析，以及彌補不足後，要以積極的心態來應對挑戰。在機會面前，最關鍵的在於你的真誠和積極的心態，也在於你的自信。一個沒有自信的人往往看不見自己身上的優點，看到的總是自己的不足和不利。學會關注自己身上的優點，並能把握機會表現出

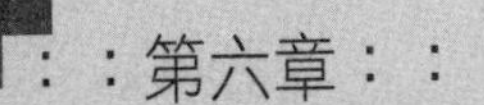

來。

職場「焦慮期」是很多人都會經歷的，它是一種比較普遍的職業問題。在面臨這種問題時，不要把焦慮的情緒擴大，把「焦慮期」無限放大。告訴自己這只是暫時的，讓自己以平穩、向上的態度來應對。雖然焦慮只是自己嚇唬自己的負面情緒，雖然我們在工作中一定會面臨很多壓力，但千萬不要讓自己在焦慮狀態下沉浸很久，因為焦慮會取代你的能力。

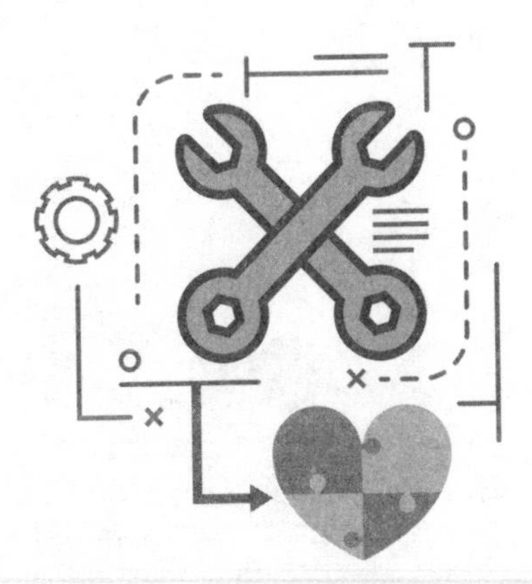

你的內心抑鬱嗎

心理疾病和精神疾患幾乎正困擾著各個階層、各個年齡段的人。專家預測，到二〇二五年抑鬱症將成為僅次於癌症的人類第二殺手。而企業員工的心理疾病和精神疾患呈逐年上升趨勢。以神經症為代表的各種情緒問題日益突出並呈逐年上升趨勢，而隨著自然和人為災難事件的頻繁發生，與之相關的精神障礙也日益增多。

或許你覺得自己心理挺健康，「抑鬱症」與自己沒有關係。也許確實如此，但事實並沒有你想像的那麼樂觀，因為你可能罹患了輕度抑鬱症。現在職場中，患有輕度抑鬱症的人很多，而且由於輕度抑鬱症患者的症狀表現比較輕微，往往不容易被重視。

這部分病人多由社會心理因素引起，但在臨床上卻有一定的表現。如果你

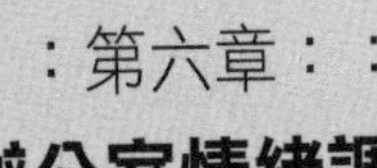

有以下的症狀，那麼很可能就與輕度抑鬱症有關。

不明原因的身體不適

例如頭痛、背痛、四肢痛、腰痛、腹脹、腹瀉、厭食、噁心、胃部不適、心慌、心悸，以及涉及全身各個系統和器官的不適，經醫院檢查卻找不到病因。

總覺得活著累

易怒、易激動、敏感多疑、總是感到不順心、情緒低落、悶悶不樂，感覺活得太累。這種情緒反應正常人也會出現，但抑鬱症患者會長期存在。

診斷神經衰弱

如頑固性失眠、早醒、健忘、乏力、頭痛等症狀是輕型抑鬱症常見的早期表現之一，這部分病人往往會被醫院診斷為「神經衰弱」。

感到生活沒有意思

疲乏無力、反應遲鈍、注意力不集中、記憶力減退、思維困難，生活情趣索然，整日唉聲歎氣，感到委屈，動輒流眼淚，有輕度的「無價值感」，自認為對社會、家庭、親友沒作出貢獻，產生「自己沒用」的自責。

請你對照上述情況，自己作一下判斷，嚴重的話，就需要借助心理治療了。

大學畢業後，小婉放棄了家裡為她安排的工作，南下工作。去了之後，卻發現現實與期望相差很大，工作不好找。

上班沒多久就發現工作不理想，所以連試用期都還沒滿，小婉就辭掉了人生中的第一份工作。後來，她連續換了幾個工作，都不滿意。曾經充滿自信的小婉開始懷疑、迷茫，無緣由地緊張，晚上睡不著的時候，她就不可抑制地要想很多問題。

當被老闆以工作頻頻失誤為由辭退的時候，小婉徹底崩潰了。她爬上樓頂企圖自殺，幸虧有人發現及時解救。送到醫院經過心理測查診斷，小婉憂慮過度，已經患上了中度的抑鬱症。

像小婉一樣，因為期望值過高、人際關係處理不好、心態浮躁急於求成等原因，我們往往會難償所願，伴隨而來的是焦慮不安和挫敗感，這些負面情緒很容易使人悲觀失望，導致在與人交往中自信心和信任度降低，在遇到較大挫折的時候無法自我排遣壓力，出現抑鬱、焦慮、失眠等症狀。

我們都想讓自己擁有一個健康的心理，在職場上有一個好的工作姿態。所以為了擺脫抑鬱，我們首先要有正確的認知評價，明確自己要什麼，不要盲目攀

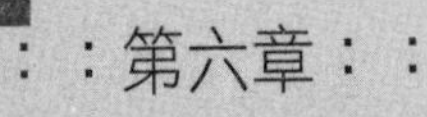

比；然後要學會調節自己的情緒。其實很多人的抑鬱是自己憋出來的，所以我們不僅要學會傾訴和調節心情，還要善於解壓。枯燥的工作給人壓抑感，要合理安排工作時間，每天每週要完成多少件事，做到心中有數。不要讓工作佔據自己所有的時間，要學會享受生活，培養適合自己的興趣愛好。

如果覺得枯燥的生活環境讓人生活無味，可以適當出去旅遊，邀請朋友聚會，或者幫助別人，在幫助別人的同時，自己也會得到成就感、滿足感和心理愉悅感。總之，你要丟掉悲觀厭世的心理，重新找回自己的好心情和高效率。

你在恐懼什麼

當你突然意識到自己的不安全感時，有沒有發現我們已經進入一個職場恐懼症氾濫的時代？大家諸事小心，做事舉棋不定，說話吞吞吐吐，就連和同事交流職場技巧也總是暗留一手。可越是謹慎，需要遵守的準則越多，甚至還有自相矛盾的潛規則在作怪，長此以往，不僅沒有得到很好的發展，反而弄得自己無所適從。於是人們換上了種種職場恐懼症。

我們都知道的是上班恐懼症，就是不想上班，害怕工作，只要一接觸人多的工作環境甚至跟自己想像中有差別的職位，就焦慮煩躁，無論什麼工作都提不起興致。但是除了上班恐懼症之外，職場恐懼症還有一些其他類型，也許你未曾意識到，也許你正身處其中，它們對於職業生涯都有著極大的危害。下面我們具體來看：

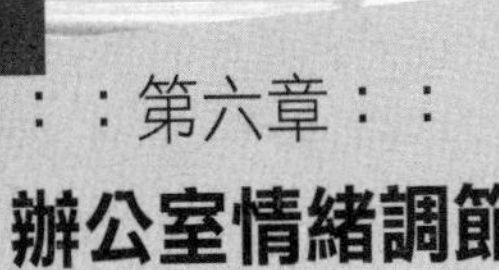

失敗恐懼症，其表現為：事情還沒有開始做，就直接想如果失敗了怎麼辦。雖然想法有很多，可是付諸實踐的卻很少。

小馬畢業前曾經制訂了無數個創業計畫，可是一畢業，他並沒有走上創業的道路，而是去了一家小企業從底層做起。三年後，同學聚會，小馬發現很多過去的老同學都當上了公司的CEO，還有很多同學實現了自己當年的創業夢想，並且收益豐碩，而自己還是一個每月只有三萬多元收入的小職員。回家後，小馬怎麼也睡不著，創業的夢想再次浮現腦海，於是把曾經的創業計畫一遍遍重新想像，又拿了紙筆，在本子上寫了詳細的收支規劃，反反覆覆折騰到了天亮才睡。

第二天，鬧鐘響了好幾遍，小馬很勉強才爬起來，急忙梳洗坐車上班，投身於新的一天的平淡工作中。下班後看了看昨晚的規劃，覺得自己很可笑，這樣的創業計畫一旦開始，肯定血本無歸，更不要說有什麼自己的事業和收益了，於是，將本子扔進書堆，再也沒有打開過了。

小馬也有自己的理想和追求，所以才會有動力按照自己的想法做詳細規劃到天亮，可是所有的動力和理想全都被他的恐懼心理重重掩埋，他會不斷地問自己能不能達到預期的目標，即便真的有勇氣開始去做，又會隨時打退堂鼓，將最

後失敗的結局擴大化回饋給自己，在理想和現實中一直掙扎，但最後往往選擇了現實。

在工作中，當你接受一個任務的時候，還沒開始真正去做，你的恐懼之心就已經佔了上風。你害怕不能完成任務，接著害怕準備不好而遭到上司的責備和同事的鄙視，最後連你自己都否定自己的能力，這就是失敗恐懼症在作祟。

對適應能力和控制能力的恐懼：如果突然有什麼事情打亂了計畫，就會手足無措，非常慌亂而導致恐懼。如果生活節奏突然被打亂，比如，對社區的熱水忽然停了，這樣的突發事件都會覺得恐懼，這實際上是適應能力的恐懼。

漂亮的于倩，走到哪都顯得出眾耀眼，加上英語口說能力很強，所以很輕鬆地拿到一家著名外商的工作。

可是才剛上班沒幾天，于倩發現職場遠沒有自己想像的簡單，快節奏、高強度的工作方式，壓得她喘不過來氣，更要命的是總經理一會兒要她發傳真，一會兒又要做報表，還要安排時間組織會議，好不容易確定了會議室和幾位重要人物的時間，總經理又說分公司有突發事件，要馬上訂機票出差。本來就手忙腳亂的于倩，不瞭解公司制度，也不好意思找人去問，等到總經理問是否已經拿

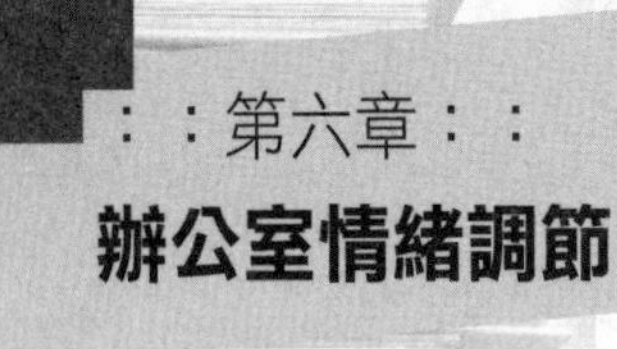

到機票時，她還沒有找到電話去訂，總經理當時大怒，當著部門其他同事的面，對于倩大吼，嚇得她一句話都不敢說。從那以後，每當她聽到總經理的聲音就心跳加速，本來已經有條理的事情又變得天翻地覆，還沒工作幾個月，就已經神經衰弱到要請病假休息去看心理醫生了。

適應能力是人類重要的能力之一，于倩的缺點是經驗不足，不善於溝通和破冰交際，適應能力和對事物的控制力弱，而且處理問題過於情緒化，理性的支配不夠，所以面對一個陌生的環境很容易產生情緒低落、神經衰弱等症狀。

以上兩種，是除了上班恐懼症之外最常見的職場恐懼症。不管程度深淺，這些恐懼心理在一定程度上，或多或少地妨礙了我們邁向成功的腳步。

找出自己恐懼的根源，克服恐懼的心理，是我們走向成功、重返快樂的關鍵一步。沒有信心、害怕失敗是職場人恐懼的根本原因。我們要學會保持一顆平常心，淡然地看待成敗得失。另外千萬不要太在意別人的眼光，因為把自己交給別人評判是一切痛苦的根源。只有這樣才能消弭無處不在的不安全感，讓你找回自信和快樂。

擺脫心理依賴

從心理學上來看，依賴心理源於人類發展的早期。幼年時期兒童離開父母就不能生存，在兒童印象中保護他、養育他、滿足他一切需要的父母是萬能的，他必須依賴他們，總怕失去了這個保護神。這時如果父母過分溺愛，鼓勵子女依賴父母，不讓他們有長大和自立的機會，以致久而久之，在子女的心目中就會逐漸產生對父母或權威的依賴心理，成年以後依然不能自主。缺乏自信心，總是依靠他人來做決定，終身不能負擔起選擇並接納各項任務、工作的責任，形成依賴型人格。而過分依賴就會形成依附心理。

一般而言，依附性強的人，隨波逐流，無主見，遇到事情都要問過大量人的意見，時常會打電話回家或打給親近的人訴說一切的不如意，遇到一些小挫折會不高興好久，缺乏自信心，難求上進，生活自理能力差，人際交往中也不為人喜歡，時常會成為別人的拖累，容易在激烈的競爭中退縮，容易失敗……

工作中，你發現依賴的影子了嗎？許多人的「勤學勤問」貌似是一種十分積極的工作態度，能夠贏取同僚以及公司前輩和上級的認同，給人留下勤奮上進的好印象。但凡事都有限度，過度必會適得其反。非但之前的形象毀於一旦，甚至會影響今後個人的發展。

在職場中患有「依附症」的族群，主要集中在女性職場人和職場新鮮人。這兩類人在職場中表現相對較弱，在職場中常常能夠得到其他同事的主動幫助，並習慣於被幫助，於是在不知不覺中患上了「依附症」只有依託他人的幫助才能完成工作。

「客戶問我什麼問題我都不敢回答，每次都在電話講到一半時徵詢上司的意見。」有人這麼說，離開上司自己簡直是寸步難行。因為公司比自己想像中的複雜，業務與人際關係疲於應付。

對於這種情況，總之原則就是應當多從前輩身上偷師，學習他們處理問題的方式，盡快掌握業務技能，豐富自己的專業內涵，如此才能增加自信。其次要暗示自己，遇到難題不要發慌，犯了錯誤也不要慌張，這是每個人從稚嫩到成熟

的必經之路。再次對自己要進行職業規劃，制定自己的職業發展軌跡。

依賴心理往往會給人帶來極大的不安全感，其實沒有人願意得這種精神無骨症，所以我們要設法獨立起來。但依賴行為並不是輕易可以消除的，一旦形成習慣，你會發現要自己決定每件事是很難的，可能會不知不覺地回到老路上去。這就需要我們不懈地努力，堅持從日常中的每一點細節做起。

當你遇到困難，需要他人說明時，請把「請幫我」改為「請教我」，一字之差，其意甚遠。對方也會因此微小改變，而對你刮目相看。遇到自己不會的、不擅長的，此時借助他人的幫助是無可厚非的，不過你不能將目標放在讓他幫你完成這麼簡單，而是在他幫你完成的過程中，學到他的方法，甚至可以請他來教會你。只要你所需要的與他沒有利益衝突，那他一定會樂意相授的。要知道，不依賴他人的辦法只有兩個：無欲則剛，什麼都不想要；或者學會他的本領。

那麼具體該怎麼消除自己嚴重的依賴心理，重新樹立自己的職場形象呢？首先，要找到隱患、陰影在哪裡。如果你已身患職場依賴症，癥結卻不在你這裡，而在別人心中。你要找到這些人是誰，才可能消除陰影。一般來說，這些人包括：你的上司、同辦公室的同事，以及經常幫助你的人。

然後，需要向別人請教的時候要繼續向他人請教。千萬不要矯枉過正，變得萬事不求人，那樣只會給你帶來小心眼的外號。只要不出現一件事情重複求人的情況就行，那樣才是依賴症。

最後，開始主動幫助他人。不是去幫他們的強項，而是解決他們的弱項。沒有人能夠凡事都強，即便都很強，他也會有時間衝突、應接不暇的時候，哪怕是很小的事情，也能有效地幫你擺脫「依附」的形象。

每個人都有屬於自己的一片獨特天空，你有屬於自己的事業自己的世界，你應該做自己生命的主人，任何時候都不要依賴別人而生存，因為只有擁有獨立，你才能夠擁有成功。但需要指出的是，對於女性來說，依賴的心理是很難完全克服的，但有的時候也沒有必要完全克服，因為適當的依賴會讓自己顯得親切，顯得平易近人。適當運用這種依賴心理，反而有助於建立和諧完美的同事關係，對自己的事業和心情都大有幫助。

無法躲避的緊張感

在一個講究高效生產力的現代社會裡，人們不僅要在工作中承受這種高效率所帶來的巨大壓力，同時還要承受一個高度發達的社會環境給人們的生活所帶來的壓力。在壓力日益增大的環境中，許多人已不知不覺地成了工作和生活壓力的奴隸，而且他們長期處於緊張狀態的身體也開始不斷發出不和諧的抱怨。

沒有急事的時候，在火車站裡也要一路小跑；整日與繁忙的工作打交道，偶爾閒下來反而內心不安不少長期處在快節奏生活中的都市人，因為應接不暇的生活與工作，使身心得不到應有的休息和復原，進而產生種種「緊張症」。

早上七點起床，七點半趕火車，八點半上班，上午寫文案，中午陪客戶，下午還要到外面市場調查，傍晚趕回公司繼續寫文案，九點以後才能回家休息。這是許多人一天的工作內容。也許一開始你會覺得這樣的生活很充實，但時間一久，幾乎所有人心理上都會產生緊張、沉重、不安和憂慮感。

因為強烈的競爭意識，使我們總是處在緊張中。不管是男人還是女人，在職場中都承受著莫大的壓力，有著不同類型的緊張感。

在一次關鍵性的會議開始之前，男人會手心出汗。當他被迫在壓力之下抓緊工作時，他會頭疼不已；一天要命的工作結束時，男人會感到腰背、脖子和肩膀的肌肉緊張痠痛。工作一週之後，他開始胃腸不適，消化不良；雖然他已經覺得精疲力竭，但卻不能安然入睡。他開始經歷一段煩躁不安、怒氣沖沖或沮喪抑鬱的時期。工作緊張會波及任何一個工作的人。它比電話佔線和早上塞車更為普遍。男人對付它的辦法包括加快午餐時間、咬指甲、晚起床、休息幾天、強制性地吃飯、喝酒和抽菸，甚至服藥。

而瑪莉的緊張起源於半年前的人事調整。她因為孩子感染肺炎請了一週的假，結果正好碰上單位機構整頓，她本是總經理祕書，卻被調到客戶服務部。工作調動本是常有的事，但瑪莉的心理卻久久無法調整過來，她變得異常緊張、敏感，關注別人的感受遠比關注工作多，生怕已經三十五歲的自己會被再次「更新」。

與工作相關的緊張，造成效率減低，工作成果下降。它也會威脅到我們的健康。實際上，人們已經認識到，工作環境所造成的長期緊張是現今最嚴重的健康障礙之一。與工作緊張相關的醫學問題，包括高血壓、胃炎、憂鬱症、結腸炎和心血管疾病，還有肥胖症和酒精中毒。美國的緊張研究所指出，百分之七十到百分之九十的就診病人，其發病誘因皆為與緊張相關的機能失調。但你要知道，我們是無法躲避緊張的。它是任何工作中都不可或缺的一部分，它隨著你工作壓力增大而增加，苛刻的任務期限和上司發脾氣之類的事情都會讓你產生壓力。

當人們面臨一件既帶來沉重的心理負擔又無法完成的工作時，就會產生最嚴重的緊張反應。這種工作繁重不堪，收穫無幾。同時這也表明最感到緊張的人，往往是居於管理部門中層的雇員。他們面對壓力，開拓道路，向著公司高層地位邁進，但同時，他們也必須肩負沉重責任，而且還得向對工作具有最終決定權的上司負責。

任何激烈的變化都會引起緊張感。任何時候，當你開始一項新的工作，更換職業，或職責範圍的改變和增減，都可能增加緊張反應。上司或同事之間發生糾紛、工作時間或工作條件的變化，也會加快你的緊張程度。

雖然你不可能逃避工作緊張，但你可以學會如何對付它。第一步是要在緊張剛產生的階段就發現它。持續不斷的頭痛或反胃，表示你的緊張程度已很高。一旦你已經感到緊張，就得想法將它控制住。

也許，你可以透過多吃些有益健康的食物，或進行有規律的運動鍛鍊來進行自我調節，同時替自己減壓。對上司賦予自己的工作重任應以樂觀的心態去面待，千萬不要自己給自己增加壓力。實際上，時時刻刻都掛念著工作並非是對工作負責的理性態度。因為從客觀上，人所能承受的壓力畢竟是有一定限度的。因此，光敬業還不行，還要講究如何在保持自己身心健康的情況下更好地敬業。

此外，對很多事情要學會放手，不要總是放不下心，管得太多。當感覺到自己壓力太大，緊張度過高時，可以找知心朋友傾訴，也可以暫時放下工作放鬆心情，總之就是要想辦法減輕心中的鬱悶。最重要的是要增強自己的心理承受能力，一個心態良好的人總是能輕鬆地化解緊張。

有些事情是急不來的

曉雯在一家保險公司從事銷售工作，工作一直很順利。不過最近在工作和人事方面遇到了一些不愉快，因為她自己是個性格比較急躁的人，平時在和同事講話時語氣總是很衝，所以有時難免讓同事心生不滿。

另外，曉雯平時比較粗心，所以很多時候就容易落下話柄。這些長久以來累積的情緒最近爆發出來了，讓她很苦惱，也很急躁。其實曉雯並沒有任何的壞心眼，她也很討厭自己的脾氣。

俄國文學家屠格涅夫，曾勸告那些易於爆發情緒的人，最好在發言之前把舌頭在嘴裡轉上幾圈，透過時間緩衝，幫助自己的頭腦冷靜下來。在快要發脾氣時，嘴裡默念「鎮靜、鎮靜，三思、三思」之類的話。這些方法都有助於控制情緒，增強大腦的理智思維。

其實，人的情緒是有週期性的，每個人在一段時間裡都可能經歷一段心理的消沉和急躁期，並不是因為什麼壓力或者做錯了什麼，而是因為這是一個與生理、氣候等有關的一個規律。所以我們大家如果只是偶爾感到急躁，那麼可以認真去體會自己的情緒週期。

在情緒不好的時候，先接納自己的情緒，這個時候要對自己好一點，讓自己的心情放個假，找一種自己喜歡的方式來保養心理。

如果真的性格急躁，那就需要注意調節了。因為在職場中，你並不是一個人，你的同事沒有義務忍受你急躁的脾氣，你的上司更不可能接受。所以性格急躁易怒的你，要學會轉移。

當發覺自己的情感激動起來時，為了避免立即爆發，可以有意識地轉移話題或做點別的事情來分散自己的注意力，把思想感情轉移到其他活動上，使緊張的情緒平緩下來。比如迅速離開現場，去做別的事情，找人談談心、散散步等，這樣可將因盛怒激發出來的能量釋放出來，心情就會平靜下來。

急躁的人情緒容易興奮、激動，所以，平時有時間多聽聽節奏緩慢、旋律輕柔、音調優雅、優美輕鬆的音樂，對安定情緒，改變暴躁的脾氣也是有幫助的。

最根本的解決辦法是增強理智感，在遇事時多思考，多想想別人，多想想事情的後果，認真對待，慎重處理。一旦發覺自己出現了衝動的徵兆時，及時克制，加強自制力。

如果你是一個好脾氣的人，也並非處在自己的心理情緒週期，還是會產生急躁心理的。

為什麼呢？當自己的目標或者目的沒有得到自己滿意的結果時，人們往往會感覺煩惱、急躁；自己的利益或者某些關於自己集體傾向性的行為產生了損害或者將被損害，人們也會產生急躁感覺；面對一項束手無策的棘手工作，也會急躁。

急躁是與競爭、好鬥性格相伴隨的負面情緒，對人的身體有負面影響。面對壓力時要能夠把壓力當作一種資源，將其快速地化為行動的動力，同時，學會把壓力所激起的情緒化為行動的心情。總之，壓力及由壓力帶來的一些生理與心理變化，要能夠被引向積極的方向，產生有效行為，完成任務。

如果是由於壓力過大或者遇到挫折，而產生的情緒急躁，每個人對於壓力和挫折的承受力是不一樣的，這與一個人的歷練有關，也與人的神經類型有關。

所以，除了多增加自己的歷練之外，也用心來體會一下自己對壓力的承受力，不要給自己施加超過承受力的壓力，學會放棄，放棄一些利益。這樣，你就會不把自己放在重壓的環境下，能夠把握自己，掌控自己，就會有進退自如的感覺，心情也更容易平靜。

有時候正是因為對成功太渴望，所以急躁。但急躁不是渴望，更與成功無緣。急躁不是理想，只是對某種或大或小功利的貪婪情緒。

更要命的是，許多剛剛工作不久的職場新人，對突發事件往往措手不及，結果行動常過分急躁。更甚者每次遇事都是如此，給老闆留下不可調教的印象。老闆不喜歡急躁，因為它很難造就職場忠誠度。

人為什麼不忠誠呢？因為有急躁在心中搗鬼。急躁就是在獲得利益時總要多些再多些，快些再快些。為了追多求快，就得急躁地要待遇、急躁地換崗位。在急躁的追逐中，忠誠必然被瓦解，而缺乏忠誠度的員工沒有企業歡迎。即便你有所收穫，最終也還是找不到心靈的歸宿，這樣就很難避開活得累甚至慘淡的結果。

人生是一場馬拉松，你不能太急躁，不要奢望一步到位。你要學會堅持，

千萬不能放棄。你必須有足夠的耐力，善於等待，否則就不可能有成功的機會。所以，我們一定要學會沉著穩重，給人鎮定感，遇事千萬不要慌手慌腳，讓人覺得毛躁不可靠。

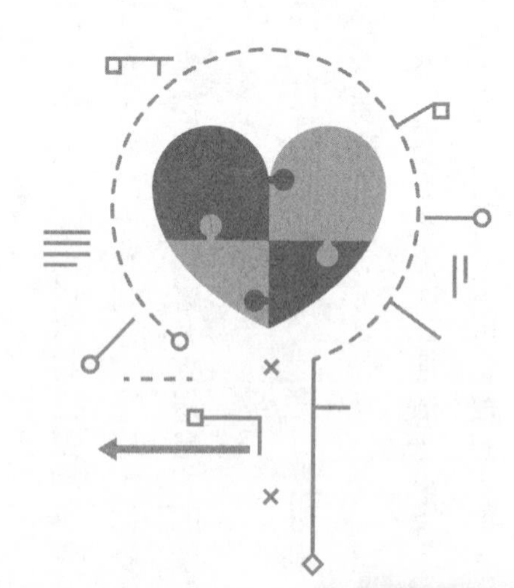

別讓憤怒毀了你

你在工作中，是否曾經遇到失去理智的時候？如果你在工作中失去冷靜，為怒火所控制的話，可能就會帶來惡果：喪失信用、人際關係惡化、壓力增加，而這些都是扼殺你職業前途的潛在大敵。

小櫻到新的單位才一個月，現在還在試用期，可是剛剛和同事吵了一架。因為那位同事是個對權力看得特別重的人，說話絲毫不考慮別人的感受，特愛表現，還喜歡在主管面前打小報告。

公司裡的同事早就對她厭煩不已，小櫻也不喜歡她，只是考慮到自己初來乍到，有些事情也就不太跟她計較，可是她那天實在很過分，小櫻憤怒得實在忍受不了，就跟她吵了一架。

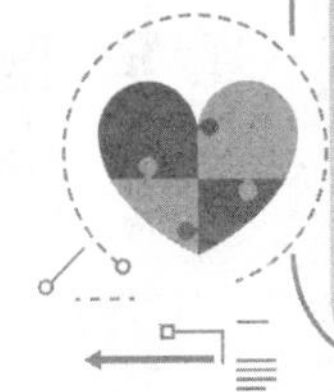

她這樣做對嗎？如果你是職場老手，就該明白，有句話叫做衝動是魔鬼，

職場上應該「忍」字當先鋒。在同一個單位，誰做了什麼，別人心中自有一把尺，沒必要強出頭惹麻煩。

但我們同樣需要瞭解，我們有權利憤怒。憤怒是自我肯定的表示。一個人從來不敢憤怒，就會失去表達自己想法和需要的勇氣。最後要麼形成抑鬱情緒，要麼憤怒累積超過極限而突然爆發。

憤怒是一種普遍的情緒。有的人很容易激怒，一觸即發；有的人永遠一副受氣包的模樣，實際上是把憤怒壓在心底；有的人在這裡受了氣，卻到別處發洩；有的人明明是自己錯了，卻先對人發火，轉嫁責任

對於憤怒，不同的人有不同的處理方法。實際上，這些辦法，都不是處理憤怒的最好辦法。

在國外，有很多心理方面的培訓，其中很重要的一門就是「情緒管理」，而情緒管理中尤其受到歡迎的培訓是憤怒的管理，正是因為憤怒情緒是我們平常最難處理的一種情緒。

古代的皮索恩是一個品德高尚、受人尊敬的軍事領袖。有一次，一個士兵偵察回來，沒能說清楚跟他一起去的另一個士兵的下落。皮索恩憤怒極了，當即

決定處死這個士兵。就在這個士兵被帶到絞刑架前時，失蹤的士兵回來了。但結果出人意料：領袖由於羞愧更加暴怒，處死了三個人。他對第一個士兵，堅決執行下達死刑令；而第二個士兵，因為沒有及時歸來，造成第一個士兵被處死；第三個死者就是劊子手，因為沒有執行命令。

為什麼會這樣呢？因為一旦憤怒起來，容易使人失去理智，使局面難以控制。所以，雖然我們有權利憤怒，但我們沒有權利對別人發脾氣。所以我們需要學會控制自己的憤怒情緒。

職場中，通常在以下的場景中，你最可能失去控制，所以要格外注意。

▼被孤立：你不被周圍的人接受，因而發怒，這將會大大影響你的工作效率和情緒。

▼挑剔的上司：老闆總是吹毛求疵，更糟糕的是當老闆平白無故地指責你的時候，你甚至不能表達出來，只有在心裡暗暗咒罵，這會讓你和老闆的關係越來越糟。

▼沒有得到應得的升遷：面對這種不公正的待遇，很多人都採取消極的態度，暗自生氣，或者開始怠工。

▼被同事惡意中傷：誹謗的力量非常強大，如果你不幸成為某謠言的主角，那麼，你將會在精神上和職業生涯上都受到極大的打擊。

如果真的不幸有了憤怒情緒，又該如何平息呢？

1、平心靜氣

美國經營心理學家歐廉・尤里斯教授提出了能使人平心靜氣的三項法則：「首先降低聲音，繼而放慢語速，最後胸部挺直。」

降低聲音、放慢語速都可以緩解情緒衝動，而胸部向前挺直，就會淡化衝動緊張的氣氛，因為情緒激動、語調激烈的人通常都是胸向前傾的，當身體前傾時，就會使自己的臉接近對方，這種講話姿態會造成緊張局面。

2、閉口傾聽

英國著名的政治家、歷史學家帕金森和英國知名的管理學家拉斯托姆吉，在合著的《知人善任》一書中談道：「如果發生了爭吵，切記免開尊口。先聽聽別人的，讓別人把話說完，要盡量做到虛心誠懇，通情達理。靠爭吵絕對難以贏得人心，立竿見影的辦法是彼此交心。」憤怒情緒發生的特點在於短暫，氣頭過後，矛盾就較為容易解決。

當別人的想法你不能苟同，而一時之間又覺得自己很難說服對方時，閉口傾聽，會使對方意識到，聽話的人對他的觀點感興趣，這樣不僅壓住了自己的氣頭，同時也有利於削弱和避開對方的氣頭。

3、交換角色

卡內基．梅倫大學的商學教授羅伯特．凱利，在加利福尼亞州某電腦公司遇到一位程式設計員和他的上司就某一個軟體的價值問題發生爭執，凱利建議他們互相站在對方的立場來爭辯，結果五分鐘後，雙方便認清了彼此的表現多麼可笑，大家都笑了起來，很快找出了解決的辦法。

在人與人的溝通過程中，心理因素有著重要的作用，人們都認為自己是對的，對方必須接受自己的意見才行。如果雙方在意見交流時，能夠交換角色而設身處地地想一想，就能避免雙方大動肝火了。

4、理性昇華

電視劇中，當年輕的繼母看到孩子有意與她為難而惡作劇時，一時氣憤難忍，摔碎了玻璃杯。但她馬上意識到進一步衝突的惡果，想到了當媽媽的責任和應有的理智，便頓時消除了怒氣，掃掉玻璃碎片並主動向孩子道歉，和解了關係。當衝突發生時，在內心估計一個後果，想一下自己的責任，將自己昇華到一個有理智、豁達大度的人，就一定能控制住自己的心境，緩解緊張的氣氛。

越是憤怒的時候越需要冷靜，也許沉默是對付憤怒的好方法。即便你不能原諒讓你感到憤怒的事物，也不要讓事情變得更加不可收拾。所以當你憤怒的時候，請微笑。

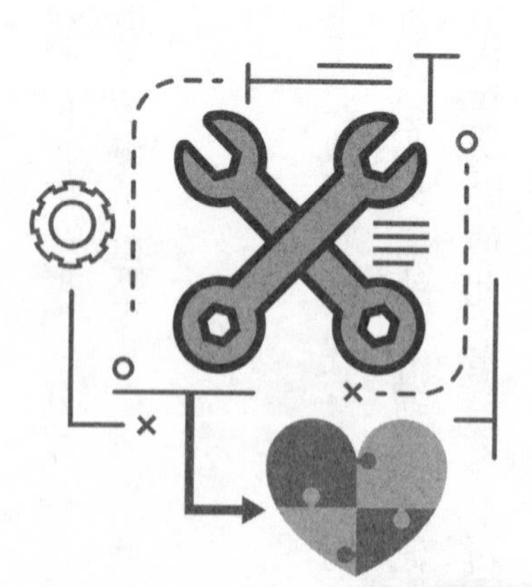

職場孤獨

厚厚的電話本，近千張名片，SKYPE、LINE上好友成群，每天有著趕不完的飯局和聚會……然而，危難之時或欣喜之際，滑開手機電話簿、名片夾，打開電腦尋找、梳理、搜尋，卻難以找到一個恰如其分的朋友來分擔、分享。工作順心，處理人際關係左右逢源，看上去熱熱鬧鬧，可每當有了心事，卻找不到合適的傾訴對象。

我們在工作上投入了更多的精力，而生活上卻顯得有些顧此失彼。平日裡，我們與同事關係融洽，身邊也有不少志同道合的朋友。可是這些人際關係也僅僅是淺層次的交往，在真正遇到涉及自身的大事時，卻往往找不到地方發洩，只有獨自承受。

只要在職場一天，你就處於臨戰狀態，表面光鮮亮麗，內心疲憊不堪。這

種疲憊，有時來自工作壓力，有時來自人際關係，更多時候，來自一種難以驅散的孤獨感。白領通常很孤獨，雖然他們內心豐富，也很享受獨處的時光，但作為社會性動物，也渴望與人交流。但是如同他們往往缺乏生活技能一樣，通常也缺乏社交技能，既不知道如何接近別人，也對別人的友好感到不安。

而且，雖然他們表面上充滿自信，但由於自我要求太高，反而經常挑剔自己，並感到自卑。又因為經常為自己設立過高的目標，背負巨大的壓力。

生活單調，除了工作以外，沒有其他的消遣方式，也沒有親密的朋友圈，所以，這一群人也是身心疾病的高危險群：「過勞死」、「慢性疲勞綜合症」、「失眠」、「焦慮抑鬱」等是經常陪伴在他們身邊的「朋友」。

很多時候，孤獨感都是在不經意間突然來襲的。深夜一個人回家的時候，會覺得又累又孤單。

很多職場人之所以覺得孤獨，並不是因為缺乏合得來的朋友或同事，而是因為自己的苦楚別人觸摸不到無從理解，也就無從分擔。

孤獨是常見的情緒，適當的溝通可以迅速緩解這種症狀，但我們似乎總覺得有些情緒難以啟齒。比如說，你肚子痛，可以打電話跟另一半撒嬌，說你不舒服。你加班累，可以打電話給家人抱怨，說你快撐不下去了。可是，如果你好端端地打電話給別人，說自己感到很孤獨，對方多半難以體會你的感受，甚至覺得你有些小題大做。所以，我們只能一個人孤獨，並嘗試化解這種突然來襲的情緒。比如，喝一杯熱牛奶，翻幾頁雜誌，聽幾首歌，在地板上走幾圈，整理一下雜物……

為什麼我們有如此多的朋友，豐富精采的生活，還是會經常感到孤獨呢？其實這個問題不是你一個人的苦惱，它已經成為一種社會現象了。隨著社會的發展和觀念的變革，人們的生活方式和交往方式都大大改變。

以前，人與人之間的交流多是透過情感依賴來完成的，稱之為「人情」，可現在人與人之間的交往，大多是透過相互交換社會資源來完成的，是一種功利性交往，這就使得交往缺少了一點人情味。於是，孤獨已成為現代都市生活的一種常態，以高收入的白領最為嚴重。

通信方式的普及，使人與人之間的溝通更加便捷，卻也讓人們的交往變得膚淺。有了電話，你可以不用面對面就與人交往；有了網路交流平臺，你可以坐在家裡與人聊天。但這些交往都是淺層次的。人們在這種方式的交往中，往往會

隱藏起自己的真實想法，談的也是一些無關痛癢的話題。這種現象在年輕人中比較普遍，再加上生活和工作節奏日益加快，觀念上的變革，使得我們不願打聽別人的私事，更不願向他人吐露心聲。結果，導致人與人之間的關係日漸疏遠。

受過高等教育，整天在職場打拼的你，並不喜歡那種東家長西家短式的社會交往，但內心裡，又都渴望著有理解自己、想瞭解自己內心的「熟人」。於是孤獨的心理就在這種矛盾中產生了。其實你的要求完全是合理的也是可能的，並不是只有你這樣，你完全可以找到志同道合的人。

但不管怎樣，孤獨感都是一種無依無靠、孤單鬱悶的不愉快的情緒體驗。如果長時間沉浸於此而無法自拔，不僅苦惱難耐，也容易導致憤世忌俗、對生活冷漠、對他人冷淡等消極的心理感受。因此，我們還是要學會擺脫孤獨感。當你悵然若失、孤獨苦悶的時候，不必為此煩惱，你只能去適應這種心態，學會心理自療。

無論你怎麼變換生活、工作環境，身邊總會有幾個朋友的，可以大膽敞開心扉，真誠待人，在感到孤獨時，學會自我調整，以健康的心理看待社會，孤獨感就會在無形中被沖淡。不管怎樣，千萬不要把自己封閉起來。

工作不羞怯

在日常生活中，常常會看到這樣的現象：有的人在路上碰到熟人因怕羞故意躲避；有的人不敢在大庭廣眾之下講話，一講就會臉紅耳赤。上述情況在心理學上稱為怕羞心理。

心理學家研究發現，在抽樣調查的一萬多人中，約百分之四十的人有不同程度的害羞表現，並且男性和女性的害羞人數比例基本持平。其實幾乎每個人都有羞怯的時候，偶爾的羞怯在所難免，但若在社交中經常為羞怯的心理所籠罩，就需要加以克服了。

心理學家認為，羞怯是逃避行為的最常見形式，其表現是多種多樣的。羞怯心理產生的原因，緣於神經活動過分敏感和後來形成的消極性自我防禦機制。一般情況下，過於內向和抑鬱氣質的人，特別在大庭廣眾下不善於自我表露；自

卑感較強和過分敏感的人，也會由於太在意別人對自己的評價而顯得縮手縮腳，表現得不自在。

怕羞心理產生的原因，除了與人的氣質特點有關外，主要是環境和教育的作用。例如，有好成績時得不到獎勵，而成績差時受到懲罰的男孩是最羞怯的；如果父母在社交上是積極的，則他們的孩子大多不會羞怯，這就說明了家庭環境的作用。

在日常生活中，過分怕羞有礙於工作、學習和人際交往。這是因為有怕羞心理的人過多地約束和拘謹自己，而難以與人建立親密的關係；因沮喪、焦慮和孤獨則導致性格上的軟弱和冷漠；因怕羞而怯懦、膽小和意志薄弱。

在求職現場丟了履歷表就跑，面試結結巴巴、面紅耳赤，這樣的人自然難讓用人單位賞識；面對上司和同事，你一講話就開戰，完了，你工作成績再好也會大殺風景；而那些口舌如簧的人，運用他的演說才能，使他原本平平的業績頓生光輝。

其實只要你敢於對怕羞說「不」，一切便迎刃而解。那麼，該如何克服怕羞心理呢?戰勝羞怯心理的方法很多，可以自己不斷地設置：

1、接納羞怯

羞怯的人想擺脫羞怯，其結果是越想擺脫，反而表現越明顯，逐漸形成惡性循環。因此，要接納羞怯的表現，就採取「隨他去」的態度，帶著羞怯去做事，認識到羞怯只是生活的一部分，很多人都可能有這種體驗，這樣反而有助於使自己放鬆下來，克服羞怯心理。

2、要有自信心

英國哲學家黑格爾說過：「人應尊重自己，並應自視能配得上最高尚的東西。」羞怯的根源部分在於看不到自己的優點，總認為自己無能，害怕無法給別人留下好印象。實際上，任何人都有自己的長處和短處，只要學會欣賞自己，增加交往的勇氣，就會表現得更加出色，也會博得更多人的喜愛和肯定。一味地在意別人的看法，往往會限制了自己，使羞怯心理越來越嚴重。

3、不要害怕別人的議論

仔細分析那些怕在大庭廣眾中講話，羞於與人打交道的人便不難發現，他們最怕別人否定的評價。這樣越怕越羞，越羞越怕，形成惡性循環。其實，哪個人後無人說，被人評論是正常的事，不必過分看重。有時，否定的評價還有可能

成為激勵自己的動力呢！

4、多爭取鍛鍊機會

針對自己怕羞膽怯的心理，可以有計劃地採取一些訓練方法。例如，在大庭廣眾的場合，全神貫注地做自己的事情；多結交個性開朗、外向的朋友，學習他們泰然自若的風度舉止。當感到不安時，可以不斷地給自己積極的暗示：「沒什麼可怕的。」採用這種方法克服羞怯也十分有效。

克服羞怯的訓練可採用循序漸進的方式，先在自己熟悉的環境中鍛鍊與人交往，然後再逐步增加情境的陌生性與難度。

5、講究鍛鍊方法

首先可以先在熟人範圍裡多發言，然後在熟人多、生人少的範圍內練習，再發展到生人多、熟人少的場合，循序漸進，逐步增加對羞怯的心理抵抗力。每到一個新場合之前，事先做好充分準備，增強信心，提高勇氣。

6、學會自我暗示法

每到陌生場合自感緊張時，可用暗示法鎮靜情緒，例如把生人當熟人一樣看待，怕羞心理就能減少大半。當怕羞者在陌生場合勇敢地講出第一句話之後，

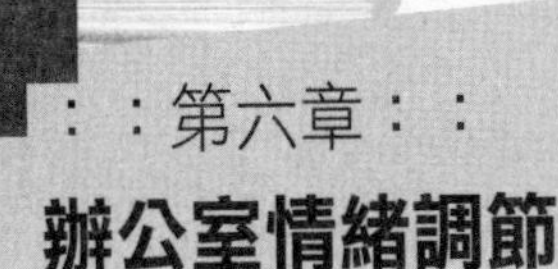

隨之而來的很可能就是流利的語言了。用自我暗示法突破剛開始的阻力，是克服羞怯的一種有效措施。

過度羞怯會使人消極保守、沉溺在自我的小圈子裡，不利於一個人的成功，甚至有可能造成心理障礙。所以每一個羞怯過分的人都應該使自己有些改變，變得樂觀而外向一些，以適應現代社會。只要你敢於對羞怯說「不怕」，並敢於在實踐中克服它，就會走出羞怯的谷底，成為落落大方的人。

贏家 35

職場活命厚黑心理學

編　　著　郭正偉
出 版 者　大拓文化事業有限公司
執行編輯　林秀如
封面設計　宋昀儒
內文排版　姚恩涵

總 經 銷　永續圖書有限公司
劃撥帳號　18669219
地　　址　22103 新北市汐止區大同路三段一九十四號九樓之一
TEL　(〇二)八六四七—三六六三
FAX　(〇二)八六四七—三六六〇
E-mail　yungjiuh@ms45.hinet.net
網　址　www.foreverbooks.com.tw

法律顧問　方圓法律事務所　涂成樞律師

出 版 日◇二〇二〇年七月

國家圖書館出版品預行編目資料

職場活命厚黑心理學 / 郭正偉編著.
-- 初版. -- 新北市 : 大拓文化, 民109.07
面 ;　公分. -- (贏家 ; 35)
ISBN 978-986-411-119-0(平裝)
1.職場成功法 2.應用心理學

494.35　　109006388

TALENT TOOL

謝謝您購買 **職場活命厚黑心理學** 這本書！

即日起，詳細填寫本卡各欄，對折免貼郵票寄回，我們每月將抽出一百名回函讀者寄出精美禮物，並享有生日當月購書優惠！

想知道更多更即時的消息，歡迎加入"永續圖書粉絲團"

您也可以利用以下傳真或是掃描圖檔寄回本公司信箱，謝謝。

傳真電話：（02）8647-3660　　信箱：yungjiuh@ms45.hinet.net

☺ 姓名：＿＿＿＿＿＿＿＿　□男　□女　　□單身　□已婚

☺ 生日：＿＿＿＿＿＿＿＿　□非會員　　□已是會員

☺ E-Mail：＿＿＿＿＿＿＿＿　電話：（　）＿＿＿＿

☺ 地址：＿＿＿＿＿＿＿＿

☺ 學歷：□高中及以下　□專科或大學　□研究所以上　□其他＿＿＿＿

☺ 職業：□學生　□資訊　□製造　□行銷　□服務　□金融

□傳播　□公教　□軍警　□自由　□家管　□其他＿＿＿＿

☺ 您購買此書的原因：□書名　□作者　□內容　□封面　□其他＿＿＿＿

☺ 您購買此書地點：＿＿＿＿＿＿＿＿　金額：＿＿＿＿

☺ 建議改進：□內容　□封面　□版面設計　□其他＿＿＿＿

您的建議：＿＿＿＿＿＿＿＿

廣告回信
基隆郵局登記證
基隆廣字第57號

新北市汐止區大同路三段一九四號九樓之一

大拓文化事業有限公司收

請沿此虛線對折免貼郵票，以膠帶黏貼後寄回，謝謝！

想知道大拓文化的文字有何種魔力嗎？

- 請至鄰近各大書店洽詢選購。
- 永續圖書網，24小時訂購服務
  www. foreverbooks. com. tw
  免費加入會員，享有優惠折扣
- 郵政劃撥訂購：
  服務專線：(02)8647-3663
  郵政劃撥帳號：18669219